好奇心书系
·野外识别手册·

常见昆虫
野外识别手册
（长江三角洲卷）

大城小虫工作室　主编

重庆大学出版社

图书在版编目（CIP）数据

常见昆虫野外识别手册.长江三角洲卷/大城小虫工
作室 主编. —— 重庆：重庆大学出版社，2024.6
（好奇心书系. 野外识别手册）
ISBN 978-7-5689-4231-7

Ⅰ.①常… Ⅱ.①大… Ⅲ.①长江三角洲—昆虫—识
别—手册 Ⅳ.①Q968.22-62

中国国家版本馆CIP数据核字（2024）第046042号

常见昆虫野外识别手册（长江三角洲卷）
CHANGJIAN KUNCHONG YEWAI SHIBIE SHOUCE
（CHANGJIANG SANJIAOZHOU JUAN）

大城小虫工作室 主编

策划：鹿角文化工作室

策划编辑：梁 涛

责任编辑：张锦涛 梁 涛　　版式设计：周 娟 刘 玲 贺 莹
责任校对：邹 忌　　　　　　责任印制：赵 晟

＊

重庆大学出版社出版发行
出版人：陈晓阳
社址：重庆市沙坪坝区大学城西路21号
邮编：401331
电话：（023）88617190 88617185
传真：（023）88617186 88617166
网址：http://www.cqup.com.cn
邮箱：fxk@cqup.com.cn（营销中心）
全国新华书店经销
重庆长虹印务有限公司印刷

＊

开本：787 mm×1092 mm　1/32　印张：10.375　字数：342千
2024年6月第1版　2024年6月第1次印刷
印数：1—5 000
ISBN 978-7-5689-4231-7　定价：68.00元

作 者

周德尧　汤　亮　宋晓彬　李建波

余之舟　包　宇　蔡余杰　胡佳耀

彭　中

图片摄影

李建波　汤　亮　周德尧　包　宇

余之舟　宋晓彬　高　凡　王瑞阳

高一杰　黄　悦　胡佳耀　范鸣原

张　晨　陈　晨

Foreword **前言**

    本书是团队成员作为爱好者，后来作为研究者，近二十年来的记录分享，共记录长江三角洲地区昆虫 20 目 215 科 590 种。出于编写的目的以及篇幅原因，编者对书中的物种和类群作了取舍。对于昆虫基础知识以及昆虫的目科级介绍，我们推荐您阅读张巍巍老师的《昆虫家谱》。对于上海及周边城市区域的昆虫物种，我们推荐您阅读大城小虫工作室的《上海昆虫1000 种》（电子版）。受限于照片记录和研究水平等方面因素，部分类群（如双翅目、膜翅目等）没有充分展现类群的丰富性，或者没有收录于本手册（如缨翅目、蚤目等）。我们希望在未来，通过爱好者和研究者的共同努力，记录和查明更多的长江三角洲昆虫物种。

    本书在编写过程中，得到了研究不同昆虫类群的专家的热情帮助，特别是在昆虫物种的鉴定方面。这里，我们衷心地感谢各位专家：张加勇、李鹏、杨煛、李卫海、邱鹭、吴超、何维俊、王瀚强、何祝清、刘浩宇、刘星月、梁飞扬、王建赟、陈卓、范鸣原、郑昱辰、赖艳、涂粤峥、李一航、麦祖奇、宋海天、常凌小、虞国跃、刘振华、詹志鸿、赵明智、赵晨宇、季权宇、黄思遥、许浩、黄灏、臧昊明、毕文烜、段文元、杨逍然、朱江、蒋卓衡、朱建青、李彦、张春田、王勇、张婷婷、孙浩然、Paolo Rosa、刘经贤、魏美才、袁峰。本书物种鉴定如存在错误，责任只在作者。

    最后特别感谢亲爱的李利珍、赵梅君老师二十多年来在天目山野外实习以及诸多野外考察中对我们的指导和关照。

    限于研究类群和研究能力，书中疏漏之处在所难免，恳请读者批评指正。

编者

2023 年 12 月

目 录 CONTENTS

INSECT

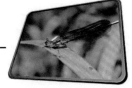

V

入门知识

Introduction

· 长江三角洲地区概况 ·

长江三角洲地区简称长三角，包括上海市、江苏省、浙江省，以及安徽省的多个城市和地区。它不仅是中国经济最为发达的区域之一，也是人口密度最大的区域之一。相比之下，长江三角洲地区的昆虫是不太知名的。不过，得益于早期通商口岸的地理优势，包括一些传教士在内的西方博物学家很早就在上海和周边地区开展昆虫采集和调查。因此，长江三角洲区域内的上海、天目山等地是不少种的模式产地。随着城市化进程的加快，不少动物面临丧失栖息地的境遇，模式产地记载于上海市区的一些昆虫已经很难在原产地找到。所幸在浙江天目山等由国家建立的自然保护区内，植被得到了较好地保护，故昆虫的多样性并没有受到太大的影响。

· 观察昆虫的地点 ·

根据我们在昆虫研究工作或者生态记录活动中的经验，下列山区的昆虫多样性是较高的：安徽黄山、安徽九华山、安徽霄坑大峡谷、安徽仙寓山、浙江清凉峰、浙江东西天目山及龙王山等。对生活在城市中的多数昆虫爱好者而言，去到上述地区是有一定距离的。实际上，在大城市的郊区甚至市内也有一些较好的昆虫观察地点值得探访，例如上海东平国家森林公园、上海青西郊野公园、上海天马山公园、南京紫金山、句容宝华山、杭州九溪景区、杭州植物园、杭州午潮山、杭州白龙潭、杭州灵山、杭州如意尖、宁波天童山等。下面介绍几处观察昆虫较好的地点。

浙江西天目山位于杭州市西部，是长江三角洲地区著名的风景区和国家级自然保护区。景区内部溪流众多，保留了大量原生植被，植物物种丰富。再加上西天目山海拔落差较大，山门海拔不及 300 m，顶峰仙人顶海拔

● 浙江西天目山

1506 m。因而此处昆虫不仅物种非常丰富，还具有较多的特有物种，尤其在高海拔地区。同时，景区内较多的步道也为观察记录昆虫提供了便利。在山脚下的禅源寺景区及其周边有较多可以探索的小道，包括至红庙的公路和小路。同时由于住宿方便，低海拔区域也很适合开展夜观或者夜间刷路活动，本书中的暗褐猎暗螽等就是在这里的路灯下记录的。大树王景区有很长的登山步道，可以从山下直接徒步登顶，沿路的消防水池中常有落入的昆虫，如竹节虫等。除景区的游客步道外，中、高海拔的消防道也是科研工作者常走的采集道路。本书中的窄带拟突眼实蝇、一些少见的锹甲和天牛等都记录于老殿及以上海拔段。此外，在红庙附近有一处天然洞穴——华严洞。洞穴主要通道为 U 字形，虽然不深，没有特异的洞穴昆虫，但此处很容易观察到喜洞穴的昆虫，如内陆疾灶螽等。洞穴内栖息有至少 2 种蝙蝠，本书中的蝠蝇种类便是记录于此。

霄坑大峡谷位于安徽省池州市梅村镇霄坑村，这里保留了较为原生的植被，并有一定的海拔落差，最高海拔可达约 800 m。峡谷中的溪流生境两

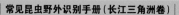

● 霄坑大峡谷

侧，植被茂密，昆虫多样性较高。其中有一些为该地区特有的昆虫物种，如不久前发表的首个以池州命名的昆虫——池州华草天牛 *Sinodorcadion chizhouensis*，就是在霄坑大峡谷采集的。

上海天马山公园位于松江区，距离佘山不远，顶峰海拔 98 m，为上海陆地最高点。它保留了佘山九峰十二山中面积最大的一片林地，为上海地区的昆虫提供了重要的庇护所，天马华冥小葬甲目前仅发现于此处林下。一些上海较少见的物种，如黛眼蝶、橙斑白条天牛、朱肩丽叩甲等，在这里也有稳定记录。公园内有一处人工岩洞，大蚰蜒和浙裂盾蝎等可在洞中发现。

对青少年朋友来说，居住地附近的绿地、自家的花园甚至阳台也能成为观察昆虫活动的场所。对很多昆虫而言，小小的一块生境就能成为它们繁衍的乐园。一些昆虫如切叶蜂、蜾蠃等也相对更容易在人类建筑附近被观察到。只要带着一颗好奇心去探索，相信你一定会有所发现。

● 天马山

· 观察昆虫的注意点 ·

昆虫的种类众多，习性差异巨大，因此发现和观察昆虫的技巧也各不相同。总的来说，了解目标昆虫的发生期、小生境尤其是寄主，是观察的关键。对于小朋友而言，安全性是家长最为关注的。绝大多数昆虫对人是完全没有威胁的，只有在万不得已的时候，如被捉住时，昆虫才会被迫反抗。对于真社会性的蜂类，只要保持一定距离和避免过度刺激，观察就没有危险。观察昆虫的风险往往来自过往车辆和地形等方面。

用相机记录昆虫是一种很好的方式，但由于昆虫鉴定的复杂性，很多时候采集昆虫标本仍然是必要的。采集昆虫标本并不是昆虫学家的专利，任何有兴趣的人在遵守法律的前提下都可以进行昆虫的标本采集。但请注意，我们希望每一位采集者都能对每一只昆虫负责，制作出像样的标本并妥善保存起来。

最后祝大家获得乐趣，爱上昆虫，爱上自然。

种类识别
Species Accounts

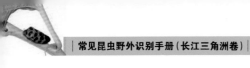

古口目 Archaeognatha

石蛃科 Machilidae

天目跃蛃 *Pedetontinus tianmuensis* Xue & Yin, 1991

体长约 9 mm。体灰色，腹节具 1 对伸缩囊区别于跳蛃。浙江天目山为其模式产地，图中个体摄于杭州。

浙江跳蛃 *Pedetontus zhejiangensis* Xue & Yin, 1991

体长约 11 mm。体色多变，但具较明显的斑纹，腹节具 2 对伸缩囊区别于跃蛃。图中个体摄于浙江天目山，杭州西湖地区还分布有另一种外形几乎一致的西湖跳蛃 *P. xihuensis*（新种发表中）。

天目跃蛃

浙江跳蛃

蜉蝣目 Ephemeroptera

等蜉科 Isonychiidae

等蜉 *Isonychia* sp.

体长约 15 mm。体赭红色，前足赭红色但跗节间有白色，中后足完全白色，尾丝基部红色，其余浅色。

等蜉

四节蜉科 Baetidae

原二翅蜉 *Procloeon* sp.

体长约 7 mm。雄性复眼上半部橙色，胸部橙色间有浅色，腹部基部透明，但各背板后缘具红色细线，末 4 节背板橙色，尾丝 2 根。雌性无特化复眼。

原二翅蜉

扁蜉科 Heptageniidae

黑扁蜉 *Heptagenia ngi* Hsu, 1936

体长约 7 mm。体黄色与深褐色相间，腿节具 4 块黑斑，尾丝 2 根，白色。与亚非蜉属相似，雄性特征不同。长江以南地区广布。

黑扁蜉

具纹亚非蜉
Afronurus costatus (Navás, 1936)

体长约 8 mm。体浅黄色，体背和前足大部颜色较深，翅前缘黄色，尾丝 2 根。宜兴似动蜉 *Cinygmina yixingensis* Wu & You, 1986 已被异名为该种。

桶形赞蜉
Paegniodes cupulatus Eaton, 1871

体长约 13 mm。体粉红色具深红色条纹，腹部各节具 1 对红色细纹，背板中央具 1 条黑纵纹，尾丝红色并向端部逐渐变黑。色艳丽而后翅相对于前翅很小，可区别于扁蜉科其他属。

具纹亚非蜉

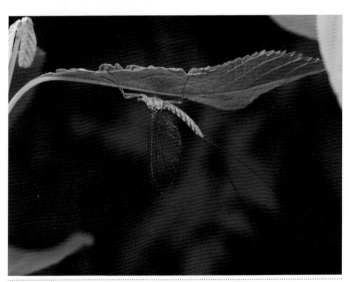

桶形赞蜉

美丽高翔蜉 *Epeorus melli* (Ulmer, 1925)

体长约 13 mm。体棕红色，腹背板后缘红色，背中线具红黑色纵纹，尾丝红白相间，后翅相对大，约为前翅长度 1/3，尾丝 2 根，雄性复眼较大，雌性复眼小。

美丽高翔蜉

蜉蝣科 Ephemeridae

绢蜉
Ephemera serica Eaton, 1871

体长约 13 mm。体白色，胸部浅黄色，翅下方深色，腹部较透明，第 2 节背板两侧具黑点，之后腹节背中线和侧面具黑纵纹，腹部末端黄色，尾丝 3 根。蜉蝣目昆虫具能飞行的亚成虫期，体色、尾须长度、雄性前足长度往往与成虫不同。

绢蜉

蜻蜓目 Odonata

黑纹伟蜓

蜓科 Aeshnidae

黑纹伟蜓

Anax nigrofasciatus Oguma, 1915

体长约 75 mm。雄性胸部绿色，腹部黑色具蓝色斑点，雌性腹部斑点颜色多变。本种胸侧缝具黑色条纹，可与同域分布的碧伟蜓 *A. parthenope julius* 和斑伟蜓 *A. guttatus* 区分。主要生活于山区。

尼氏头蜓

尼氏头蜓

Cephalaeschna needhami Asahina, 1981

体长约 65 mm。体黑色，具黄绿色斑纹。同地还分布有李氏头蜓 *C. risi* 等其他种类，通过腹基部背面斑纹以及性特征来区别。另外，与头蜓同属森林生境活动的黑额蜓也较常见，但后者翅基室无横脉。

春蜓科 Gomphidae

安氏异春蜓

Anisogomphus anderi Lieftinck, 1948

体长约 53 mm。体黑色，上唇具白色斑点，胸背面具 1 对 Z 字形黄纹，侧面具 3 块黄色斑纹，腹部背中线具纵纹，侧面具黄色小斑，第 7 腹背板基部黄色横纹宽，并在之后具 1 个矛头状黄斑。

安氏异春蜓

弗鲁戴春蜓 *Davidius fruhstorferi* Martin, 1904

体长约 40 mm。体黑色，额纹黄色，胸背面具 1 对 L 字形黄纹，侧面黄斑甚大，雄性腹部黄斑较少，雌性则较多。多见于森林中的溪流附近。

弗鲁戴春蜓

环纹环尾春蜓
Lamelligomphus ringens (Needham, 1930)

环纹环尾春蜓

体长约 62 mm。体黑色具黄色斑纹，额横纹黄色，胸背面背条纹和领条纹不相连，侧面第 2 和第 3 条纹合并，腹部具黄斑。在山区较开阔的溪流附近活动。

台湾环尾春蜓
Lamelligomphus formosanus (Matsumura, 1926)

台湾环尾春蜓

体长约 64 mm。与环纹环尾春蜓相似，但具细的肩前条纹，合胸侧面第 2 和第 3 条基部合并，中部为黄斑分隔，腹部黄斑相对短。

中华长钩春蜓

中华长钩春蜓
Ophiogomphus sinicus (Chao, 1954)

体长约 60 mm。体黑色，具黄斑，因雄性肛附器发达而与环尾春蜓有些相似，但其肛附器不如环尾春蜓的发达形成环状。在低海拔山区较开阔的溪流附近活动。

长角亚春蜓

长角亚春蜓
Asiagomphus cuneatus (Needham, 1930)

体长约 55 mm。体黑色，具黄色斑纹，胸背面具 1 对较宽的 L 字形黄纹，合胸侧面第 2 纹间断，因而黄斑甚大。在山区溪流附近活动，发生期较早。

小尖尾春蜓

小尖尾春蜓
Stylogomphus tantulus Chao, 1954

体长约 42 mm。体黑色，具黄色斑纹，胸部背条纹和领条纹不相连，合胸侧面第 2 和第 3（黑）纹完整，腹部第 1~7 节具黄斑，雌性腹部较雄性稍短。在林间溪流附近活动。

亲棘尾春蜓
Trigomphus carus Chao, 1954

体长约 46 mm。体黑色，具黄斑。其合胸侧面第 2 条纹中断，黄斑合并甚大，可与野居棘尾春蜓 *T. agricola* 区分。本种发生期较野居棘尾春蜓晚。

大蜓科 Cordulegastridae
巨圆臀大蜓
Anotogaster sieboldii (Selys, 1854)

体长约 95 mm。体黑色，具黄色斑纹，上唇具 1 对大黄斑，上颚外侧黄色，胸部肩前条纹较长，雌性翅基部带琥珀色，产卵器发达。多见于林间较隐蔽的小溪或沟渠。

蜻科 Libellulidae
侏红小蜻
Nannophya pygmaea Rambur, 1842

体长约 18 mm。翅透明，后翅基部具大块褐斑，雄性体红色，胸部带深色纹，雌性体黑褐色，具大块黄色和褐色斑纹。多生活于水草丰盛的池塘或水田边。

亲棘尾春蜓

巨圆臀大蜓

侏红小蜻

异色灰蜻
Orthetrum melania (Selys, 1883)

　　体长约 52 mm。雄性披蓝色粉霜，腹末 3 节黑色，后翅基部具黑色斑，雌性黄色具大量黑色斑纹，第 8 腹节两侧具片状突起，尾毛白色。多见于池塘边和湿地。

鼎脉灰蜻 *Orthetrum triangulare* (Selys, 1878)

　　体长约 50 mm。与异色灰蜻相似，但本种雄性黑色，腹部第 1~7 节披蓝色粉霜，雌性尾毛深色。多见于池塘边和湿地。

异色灰蜻 图左：雌；图右：雄

鼎脉灰蜻 图左：雌；图右：雄

吕宋灰蜻

Orthetrum luzonicum (Brauer, 1868)

体长约 40 mm。雄性披蓝色粉霜，翅痣双色，雌性黄色，具较多黑色斑纹，尾毛白色。南方常见，长江三角洲地区相对少见。

吕宋灰蜻

赤褐灰蜻中印亚种

Orthetrum pruinosum neglectum (Rambur, 1842)

体长约 48 mm。雄性头部和胸部紫褐色，腹部红色，后翅基部具褐斑，雌性黄褐色，胸侧部色略深，第 8 腹节侧面具片状突起。

赤褐灰蜻中印亚种

黄基赤蜻指名亚种
Sympetrum speciosum speciosum Oguma, 1915

体长约 43 mm。雄性面部红色，胸部红色具黑纹，腹部红色，后翅基部具大块橙斑，雌性胸部黄色具黑纹，腹部侧部黄色，背部红色，并具黑纹间隔。有时会大量停息于山顶附近的树枝或电线上。

黄基赤蜻指名亚种

姬赤蜻
Sympetrum parvulum (Bartenev, 1912)

体长约 33 mm。额部白色无斑，翅透明无斑，胸部黄褐色具黑纹，雄性腹部红色，雌性橙红色。本种与同地分布的竖眉赤蜻 *S. eroticum ardens* 相似，但后者体型稍大，额具 1 对黑斑，性特征也不同。

姬赤蜻

夏赤蜻
Sympetrum darwinianum (Selys, 1883)

体长约 40 mm。雄性红色，合胸侧面黄色具黑纹，腹部红色，末几节侧部具黑纹，翅透明无斑，雌性黄褐色，腹部黑纹较多。同地还分布有李氏赤蜻 *S. risi*，该种前后翅端均具褐色斑。

扇螅科 Platycnemididae
白拟狭扇螅 *Pseudocopera annulata* (Selys, 1863)

体长约 43 mm。雄性黑色，具浅蓝色条纹，雌性具浅黄色条纹，腹末浅色。与黑拟狭扇螅 *P. rubripes* 一样从狭扇螅属 *Copera* 移动至本属。见于水草丰茂的池塘。

夏赤蜻

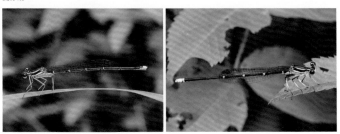

白拟狭扇螅 图左；雌；图右；雄

黄纹长腹扇螅 *Coeliccia cyanomelas* Ris, 1912

体长约 48 mm。腹部非常细长，雄性黑色具蓝白色斑纹，胸部背面具 4 个蓝斑，雌性胸部具浅黄色斑纹。多活动于林下溪流附近。

黄纹长腹扇螅 图上：雌；图下：雄

螅科 Coenagrionidae

长尾黄螅 *Ceriagrion fallax* Ris, 1914

体长约 42 mm。体黄色，头部和胸部带绿色，腹末黑色，雌性腹背面褐色。多见于池塘附近。

长尾黄螅

中华黄蟌 *Ceriagrion sinense* Asahina, 1967

体长约 42 mm。复眼背侧红色，腹侧绿色，胸背面褐色，侧面具黄色斑纹，腹部红色，第 5、第 6 节背面带黑纹。

多棘蟌 *Coenagrion aculeatum* Yu & Bu, 2007

体长约 30 mm。面部黑色具蓝斑，胸部背面黑色，具蓝色肩前条纹，侧面蓝色，腹部黑色，具蓝斑。

色蟌科 Calopterygidae

赤基色蟌 *Archineura incarnata* (Karsch, 1892)

体长约 80 mm。雄性体具黄铜至青铜色金属光泽，翅基具大块红色斑块，老熟后胸侧带粉霜，雌性翅带琥珀色，无红斑。多见于林间开阔溪流处。

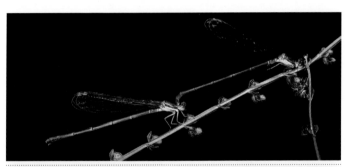

中华黄蟌

多棘蟌　　　　　　　　　　　　　　赤基色蟌

透顶单脉色蟌 *Matrona basilaris* Selys, 1853

体长约 66 mm。雄性体金属绿色，翅黑色无翅痣，翅基 1/2 部蓝色，腹末腹面黄色，雌性黄铜色，翅深褐色，具白色伪翅痣。

透顶单脉色蟌

褐单脉色蟌 *Matrona corephaea* Hämäläinen, Yu & Zhang, 2011

体长约 66 mm。与透顶单脉色蟌相似，但雄性胸部体色偏黄，翅褐色无蓝色，后翅基室翅脉较少。

褐单脉色蟌 图左：雌；图右：雄

亮闪色螅 *Caliphaea nitens* Navás, 1934

体长约 45 mm。体具紫铜色光泽，胸腹侧白色，腹末披白粉霜。在林下溪流附近活动。

黑角黄细色螅 *Vestalaria venusta* (Hämäläinen, 2004)

体长约 60 mm。体具金属绿光泽，后胸侧面黄色，腹末披白粉霜，翅透明，有时端部带褐色，无翅痣。

亮闪色螅

黑角黄细色螅

黄翅绿色蟌 *Mnais tenuis* Oguma, 1913

体长约 50 mm。体具黄铜色金属光泽，后胸具黄条纹，腹末披白粉霜，雄性翅透明稍带褐色或为浓郁橙色，雌性翅稍带褐色。

黄翅绿色蟌 上图：雄透翅型；下图左：雌；下图右：雄

线纹鼻蟌

鼻蟌科 Chlorocyphidae

线纹鼻蟌

Rhinocypha drusilla Needham, 1930

体长约 37 mm。雄性头和胸部黑色具黄色斑纹,腹部主要橙色,腹侧深色,翅带褐色,向端部加深,翅痣双色,雌性腹部主要褐色,具黄色斑纹。

巨齿尾溪蟌

溪蟌科 Euphaeidae

巨齿尾溪蟌

Bayadera melanopteryx Ris, 1912

体长约 48 mm。体黑褐色,具蓝色粉霜形成的斑纹,翅端半部具黑色斑,斑的大小有变异,雌性胸侧具黄条纹。同地还分布有二齿尾溪蟌 *B. bidentata*,该种翅无端部黑斑。

褐翅溪蟌 *Euphaea opaca* Selys, 1853

体长约 57 mm。雄性体黑色,翅深褐色,雌性黑色具黄色条纹,翅透明。

褐翅溪蟌

蟌蟌科 Megapodagrionidae

水鬼扇山蟌 *Rhipidolestes nectans* (Needham, 1929)

体长约 50 mm。雄性体黑色具白色粉霜，翅端具褐斑，翅痣褐色，雌性黑色，具黄色条纹，翅透明，翅痣浅黄色。在林间渗流地附近活动。

综蟌科 Synlestidae

黄肩华综蟌 *Sinolestes editus* Needham, 1930

体长约 66 mm。体墨绿色带金属光泽，胸部具黄色条纹，雄性翅痣黑色，翅透明或具黑褐色斑带，雌性翅痣黄色，翅透明。见于林间溪流附近。

水鬼扇山蟌 图左：雌；图右：雄

黄肩华综蟌 图左：雌雄；图右：雄

襀翅目 Plecoptera

襀科 Perlidae

安吉新襀 *Neoperla anjiensis* Yang & Yang, 1998

　　体长约 14 mm。体黄色，触角深色，单眼 2 个，深色，翅深色，足膝部深色，尾须多节。

全黑襟襀 *Togoperla totanigra* Du & Chou, 1999

　　体长约 24 mm。体黑褐色，复眼后内侧具黄斑，翅前缘黄色，单眼 3 个，雄性第 5 腹背板高度骨化向后延伸，第 6 腹背板完全骨化。

安吉新襀　　　　　　　　　　　　　　全黑襟襀

刺蜻科 Styloperlidae

斯氏刺蜻

Styloperla starki Zhao, Huo & Du, 2019

体长约 12 mm。体黄白色,单眼区域深色,前胸背板具深色边缘,中域具深色纵带,翅脉深色,附肢深色,雄性尾须第 1 节骨化,长刺突状,其余各节念珠状。

斯氏刺蜻

叉蜻科 Nemouridae

印叉蜻 *Indonemoura* sp.

体长约 8 mm。体深色,尾须 1 节。翅面较平,具明显的 X 形翅脉,与卷蜻科 Leuctridae 物种区分。

印叉蜻

蜚蠊目 Blattodea

褶翅蠊科 Anaplectidae

峨眉褶翅蠊
Anaplecta omei Bey-Bienko, 1958

体长约 8 mm。除复眼深色外，通体黄褐色，前胸背板两侧透明，前翅基半部外侧缘透明。同地还分布有其他同属物种，如前翅基部具大黑斑的未定种等。

峨眉褶翅蠊

蜚蠊科 Blattidae

淡赤褐大蠊
Periplaneta ceylonica Karny, 1908

体长约 30 mm。雄性体淡黄褐色，翅超出腹末，雌性深褐色，翅短，远短于腹末。多在人居附近活动。

淡赤褐大蠊

地鳖科 Corydiidae

带纹真鳖蠊
Eucorydia dasytoides (Walker, 1868)

体长约 14 mm。体黑褐色，具蓝色金属光泽，触角黑色，但近端部 4~5 节触角白色，翅中部具 1 条橙黄色横带，横带也可变异为不连续的斑点，腹部橙黄色，端部黑色。有时日间亦可见成虫活动。

带纹真鳖蠊

姬蠊科 Blattellidae

双纹小蠊 *Blattella bisignata* (Brunner, 1893)

体长约 12 mm。体黄褐色,前胸背板中域具 2 条纵向黑纹,黑纹末端内弯。前胸背板斑纹具变异,准确鉴定需通过性特征。多在林下落叶层活动。

双纹小蠊

拟叶蠊科 Pseudophyllodromiidae

淡边玛蠊 *Margattea limbata* Bey-Bienko, 1954

体长约 11 mm。头部深褐色,具 1 条浅色横带,前胸背板中域深褐色,侧缘和后缘透明带白色,翅褐色,前缘各具 1 条黄白色条带。

黑背丘蠊 *Sorineuchora nigra* (Shiraki, 1908)

体长约 10 mm。体黑色,前胸背板两侧透明,后侧白色。多在植物上活动。

淡边玛蠊   黑背丘蠊

双带丘蠊

Sorineuchora bivitta (Bey-Bienko, 1969)

体长约 10 mm。头顶浅黄色具黑色横线，前胸背板中域黑色，周围被白色包围，两侧透明，翅浅褐色，翅脉浅色。多在植物上活动。

硕蠊科 Blaberidae

球蠊 *Perisphaerus* sp.

体长约 13 mm。体黑色，雄性翅发达，雌性无翅，受惊后能蜷曲成球。图中个体摄于浙江天目山。

闽黑冠蠊

Pseudoglomeris fallax (Bey-Bienko, 1969)

体长约 17 mm。体黑色，雄性翅发达，雌性无翅，尾须浅色，受惊后不蜷曲成球。

双带丘蠊

球蠊

闽黑冠蠊

夏氏大光蠊 *Rhabdoblatta xiai* Liu & Zhu, 2001

　　体长约 40 mm。体褐色，额黄色，足黄褐色，但胫节深色，前胸背板光滑无刻点。本种模式产地为浙江天目山。

黑褐大光蠊 *Rhabdoblatta melancholica* (Bey-Bienko, 1954)

　　体长约 23 mm。体褐色，体色具变异，前胸背板前缘两侧浅色，足黄色，前胸背板具较多刻点。曾归于麻蠊属 *Stictolampra*，具一定趋光性。

白蚁科 Termitidae

黄翅大白蚁 *Macrotermes barneyi* Light, 1924

　　兵蚁具大小两型，上颚镰刀状，具基齿，触角 17 节，第 3 节较第 2 节长，前胸背板马鞍形。地下筑巢，具菌圃。

夏氏大光蠊　　　　　　　　　　　　　黑褐大光蠊

黄翅大白蚁

螳螂目 Mantodea

怪螳科 Amorphoscelidae

中华怪螳

Amorphoscelis chinensis Tinkham, 1937

体长约 20 mm。体褐色，前翅和足具斑纹，头后具明显瘤突，前胸背板短，长与宽相近，前足胫节无刺，尾须末节宽扁。生活于树皮上，南京具稳定可观察的种群。

中华怪螳

跳螳科 Gonypetidae

名和小跳螳

Amantis nawai (Shirak, 1911)

体长约 14 mm。体褐色，具斑纹，雄性具长翅型和短翅型，雌性均为短翅型。活动于枯枝落叶间或低矮植物上。

名和小跳螳

角螳科 Haaniidae

斑点缺翅螳

Arria stictus (Zhou & Shen, 1992)

体长约 34 mm。体褐色，前足股节具 4 块褐色斑纹，雄性体纤细，触角长，翅发达，雌性体粗壮，触角短，无翅。模式产地为浙江凤阳山，长江三角洲地区少见。图中个体记录于清凉峰。

斑点缺翅螳（雌性）

花螳科 Hymenopodidae

中华原螳 *Anaxarcha sinensis* Beier, 1933

体长约 40 mm，雄性稍小。体绿色，前胸背板侧缘区域黄紫色，最外缘黑色。翅超过腹末，前翅绿色，后翅具明显粉红色。本种与同地分布的天目山原螳 *A. tianmushanensis* 相似，但后者前胸背板相对较细，后翅透明略带紫色。多见于林缘植物上。

中华原螳

长翅齿螳

长翅齿螳

Odontomantis longipennis Zheng, 1989

体长约 25 mm，雄性稍小。体绿色，前胸背板有时褐色，前翅带暗紫色，翅脉密集而明显，中后足胫节背面具黑线。多见于林缘植物上，敏捷善飞。

大姬螳
Acromantis magna Yang, 1996

雌性体长约 38 mm，雄性较小。体绿褐色，雌性前翅外缘具明显的亮绿色条带，头顶具 1 小角，中后足股节亚端部具叶状扩展，后翅端部平截。多见于林缘植物上，较善飞。

大姬螳

中华屏顶螳
Phyllothelys sinense (Ôuchi, 1938)

体长约 55 mm。体褐色，雌性前翅中部具不规则黑斑，雄性则不明显，头顶具发达的突起，中后足股节具叶状扩展。栖息于树枝间，拟态树枝。灯诱可引来雄性。

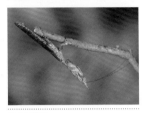

中华屏顶螳

螳科 Mantidae

中华斧螳 *Hierodula chinensis* Werner, 1929

体长 70~100 mm。体翠绿色，偶有黄色，前翅翅痣白色，前足内侧无明显黑斑，前足基节具 1 列小齿突（城市常见的广斧螳 *H. patellifera* 的前足基节具 2~4 个黄色大齿突）。本种与台湾巨斧螳同地分布，需通过雄性特征区分。多见于山区。

中华斧螳

螭目 Phasmatodea

日本新棘䗛

螭科 Phasmatidae

日本新棘䗛
Neohirasea japonica (de Haan, 1842)

体长约 65 mm。体褐色，常具浅色斑纹，较粗壮，胸部背面具棘刺，无翅。浙江天目山地区仅知雌性，孤雌生殖。

双线皮䗛
Phraortes bilineatus (Chen & He, 1991)

雌性体长约 100 mm，雄性约 80 mm。雄性体绿色带红色条纹，雌性体褐色，雄性头部无角突，雌性头部具 1 对小角突，触角长，无翅。

长肛䗛 *Entoria* sp.

雌性体长约 110 mm。体褐色，雌性触角短，无翅，中足腿节具叶状突起，腹末肛上板延长。图中个体摄于杭州。

双线皮䗛

长肛䗛

短角枝䗛 *Ramulus* sp.

雌性体长约 75 mm，雄性稍小。体褐色或绿色，头部无突起，无翅，雌性触角短，雄触角稍长但短于前足腿节。图中个体摄于浙江天目山，可能为天目山短角枝䗛 *R. tianmushanense* (Chen & He, 1995)。天目山地区还记录有小角短角枝䗛 *R. brachycerus* (Chen & He, 1995)，雌性头部具 1 对刺突。

长角棒䗛科 Lonchodidae

棉管䗛 *Sipyloidea sipylus* (Westwood, 1859)

体长约 80 mm。体褐色，头部近矩形，触角长，胸部具明显小颗粒，前足股节长于前中胸之和，翅发达。仅知雌性，孤雌生殖。

短角枝䗛

棉管䗛

双叶小异䗛

双叶小异䗛
Micadina bilobata Liu & Cai, 1994

体长约 40 mm。体绿色，足基部橙色，膝部、胫节端半部和跗节红褐色，腹背板中部红褐色，前翅短小，后翅发达，前翅外缘具黄色和黑色纹，雄性腹末膨大。图中个体为雄性，记录于浙江天目山中高海拔区域。

天目山副华枝䗛 *Parasinophasma tianmushanense* Ho, 2015

雌性体长约 63 mm，雄性约 46 mm。体褐色至浅褐色，头和前胸背部具深色斑，前翅短小，色略深，外缘具浅色纹，前足腿节大部褐色但基部绿色，中后足腿节胫节绿色，雄性腹部末端膨大。图中个体为雌性，记录于浙江天目山中高海拔区域。

天目山副华枝䗛

瓦腹华枝䗛 *Sinophasma honei* Günther, 1940

雌性体长约 105 mm，雄性约 77 mm。体绿色，头背褐色具浅色纵纹，前翅短小，中部黑色，两侧白色至黄色，后翅发达，黄绿色，腹背面褐色，雄性腹部末端强烈膨大。图中个体为雄性，记录于浙江天目山中高海拔区域。

瓦腹华枝䗛

健䗛 *Sosibia* sp.

体长约 65 mm，雄性稍小。体褐色，具模糊斑驳的斑纹，头和前胸具小颗粒，触角细长，前足股节短，翅发达，后翅基部红色。受惊后会竖翅警戒。

健䗛

直翅目 Orthoptera

螽斯科 Tettigoniidae

中华翡螽

Phyllomimus sinicus Beier, 1954

体长约 25 mm。体绿色，前胸背板密布颗粒状突起，翅发达，前翅翅脉与叶脉相似。本种与同地分布的柯氏翡螽相似，但后者前翅末端较圆钝，前翅翅脉常具一点状白斑。雌性产卵器刀状。植食性种类，成虫拟态叶片，跳跃能力较弱。

中华翡螽

绿背覆翅螽
Tegra novaehollandiae viridinotata (Stål, 1874)

体长约 40 mm。体色斑驳褐色，体型较翡螽窄长，部分个体前翅具较明显的白斑。雌性产卵器刀状。植食性种类，模拟枯叶或树皮，跳跃能力较弱，受惊时胸侧会释放黄色液体，有时亦会竖翅警戒。

日本纺织娘
Mecopoda niponensis (Haan, 1842)

体长约 35 mm，大型粗壮的种类，具绿色型和褐色型，雌性产卵器较长。同地还分布有窄翅纺织娘，但后者翅明显窄长，多为褐色，且相对少见。夏季极常见，植食性，雄性鸣声持续而吵闹。

绿背覆翅螽

日本纺织娘

比尔寰螽 *Atlanticus pieli* Tinkham, 1941

亦称小寰螽。体长约 30 mm。体褐色，前胸背板侧隆线明显，两侧具黑色斑块，后侧缘乳白色，雄性前翅较短，侧缘乳白色。本种与同地或附近分布的间歇寰螽、江苏寰螽相似，可通过尾须区分。杂食性，夜间较为活跃，日间亦鸣叫。

巨突寰螽 *Atlanticus magnificus* Tinkham, 1941

亦称大寰螽。体长约 35 mm。与其他寰螽相似，但体型大，雄性翅在比例上明显较大。在浙江天目山脉，尤其中高海拔区域较为常见。

比尔寰螽

巨突寰螽

中华蝈螽 *Gampsocleis sinensis* (Walker, 1871)

体长约 37 mm。体绿色，头中线、前胸两侧和翅背褐色，翅发达，前胸背板无明显侧隆线可与寰螽区别。杂食性，生活于高草丛或灌丛。

中华蝈螽

中华螽斯 *Tettigonia chinensis* Willemse, 1933

体长约 37 mm。体绿色，头背部、前胸中部和翅背部褐色，翅发达，前中足胫节具发达的刺。头顶较窄可区分于寰螽和蝈螽。国内分布较广，生活于高草丛或灌丛。

中华螽斯

豁免草螽

Conocephalus exemptus (Walker, 1869)

亦称长瓣草螽。体长约 23 mm。翅超出腹末，雌性产卵器极长，体绿色，但体背褐色，前胸背板背部两侧具纵向白纹。本种相较于同地分布的斑翅草螽体型大，后者前翅侧部具黑色斑点。植食性，生活于草丛。

豁免草螽 上图：雌；下图：雄

沟额草螽 *Conocephalus sulcifrontis* Xia & Liu, 1992

体长约 15 mm。体主要黄绿色,但体背褐色,两侧具浅色纹,头顶和额顶被沟隔开,翅略短于腹末,前胸背板内凹,雄性尾须内侧具 2 个刺突。已知记录于上海和江苏,图中个体摄于浙江天目山。

粗头拟矛螽 *Pseudorhynchus crassiceps* (Haan, 1842)

极粗壮的种类,体长约 50 mm。头顶尖突,体绿色或褐色,颜面黄白色,近唇基部略深色,上颚红褐色,头和前胸背板背面两侧和中线浅色。植食性,多生活于芒草中。

沟额草螽

粗头拟矛螽

喙拟矛螽 *Pseudorhynchus pyrgocorypha* (Karny, 1920)

体长约 30 mm。颜面颜色较深，青绿色，复眼间和上唇基部具黑色横带，上颚黑色，中后胸腹板中部黑色。配色与光额螽属 *Xestophrys* 相似，但头顶更为突出，雄性发音区明显短。

淡黄古猛螽

Palaeoagraecia lutea (Matsumura & Shiraki, 1908)

体长约 30 mm。体褐色或绿色，与拟矛螽属和光额螽属 *Xestophrys* 相似，但头顶突起较小，颜面具人字型绿纹，上颚黑色。模式产地为日本，东亚分布，偏好有竹子的森林生境。

喙拟矛螽

淡黄古猛螽

日本似织螽

Hexacentrus japonicus Karny, 1907

　　长江三角洲地区种类，曾被误定素色似织螽。体长约 30 mm，体绿色，体背具褐色斑带，前中足胫节刺突发达。长江三角洲地区还分布有褐足似织螽，后者体褐色，雄性前翅强烈鼓起略呈球状，主要沿海岸线附近分布。

日本似织螽

巨叉大畸螽

Macroteratura megafurcula (Tinkham, 1944)

体长约 14 mm。体黄绿色,触角、头背部和前胸背板背部和翅深色,前翅长于后足腿节端部,后翅明显长于前翅,雄性第 10 背板突起,长而宽。夜行性,常见于叶背面。

巨叉大畸螽

铃木库螽
Kuzicus suzukii (Matsumura & Shiraki, 1908)

体长约 15 mm。体黄绿色，头背深色，前胸背板背部深色但具浅色中线，覆翅背中线深色，其余黄绿色并疏布暗点。

比尔拟库螽
Pseudokuzicus pieli (Tinkham, 1943)

体长约 13 mm。体色斑驳，黄绿色、深褐色、白色等相间，背面观眼后至前胸背板两侧各具 1 条白色纵带，头顶和触角窝白色，足膝部、胫节亚基部、跗节前两节白色。

铃木库螽

比尔拟库螽

大亚栖螽

Eoxizicus magnus (Xia & Liu, 1993)

体长约 15 mm。体浅绿色，前胸背板两侧具褐色条纹，有时该条纹不明显，覆翅背中线略深色，后足胫节刺黑色。

双突副栖螽

Xizicus biprocerus (Shi & Zheng, 1996)

体长约 12 mm。体淡紫色，头背部、前胸背板背部和覆翅背中线深色，前胸背板深色部两侧具浅色边，覆翅具暗色斑点。

大亚栖螽

双突副栖螽

四川简栖螽

Xizicus szechwanensis (Tinkham, 1944)

体长约13 mm。体绿色,头背具4条黑线汇聚于头顶,前胸背板背部褐色,两侧具黑边,黑边外具白边,覆翅背中线深色,逐渐向下变浅,具明显暗点。

四川简栖螽

凤阳山拟饰尾螽

Pseudocosmetura fengyangshanensis Liu, Zhou & Bi, 2010

体长约10 mm。体绿色,前胸背板具1对浅色纵纹,内侧深色,并在后部形成深色宽横带,前胸背板沟后区膨大后延,前翅几乎不可见,无后翅。模式产地为浙江凤阳山,后在浙江天目山也有发现。

凤阳山拟饰尾螽

长尾异饰尾螽 *Acosmetura longicercata* Liu, Zhou & Bi, 2008

　　体长约12 mm。体绿色，头背面眼后具黄色纵纹，前胸背板具2条黄色纵纹，纵纹内侧褐色，向后变为黑色，并形成中域大黑斑，腹背板中带褐色，两侧黄色，前翅略微露出前胸背板。雄性尾须长，向内侧扭转。浙江天目山特有物种。

长尾异饰尾螽

短尾副饰尾螽 *Paracosmetura brachycerca* (Chang, Bian & Shi, 2012)

体长约 11 mm。体绿色，前胸背板具 1 对深色纵线，纵线外侧浅色，腹背板中部具褐色纵带，纵带两侧浅色。前胸背板沟后区向背面膨大并向后延展，前翅隐于前胸背板下，无后翅。雄性尾须较短。浙江天目山特有物种。

小吟螽 *Phlugiolopsis minuta* (Tinkham, 1943)

体长约 9 mm。体浅褐色，头背具 4 条淡褐色条纹，前胸背板背面和部分腹背板背面深色，后足膝部深色，前翅小略露出前胸背板后缘，无后翅。

短尾副饰尾螽

小吟螽

斯氏桑螽 *Kuwayamaea sergeji* Gorochov, 2001

体长约 20 mm。体黄色，背侧色较深，覆翅具小黑点。雄性后翅稍长于前翅，雌性则稍短于前翅。浙江天目山特有物种，较广布的中华桑螽 *K. chinensis* 体型小而翅短。

周氏角安螽 *Prohimerta choui* (Kang & Yang, 1989)

体长约 24 mm。体绿色，触角褐色，白色节间隔较长距离，覆翅发音器区域和之后中线褐色。与条螽相似，但翅较宽，雄性特征不同。

斯氏桑螽

周氏角安螽

赤褐环螽
Letana rubescens (Stål, 1861)

体长约 20 mm。体绿色，腹面浅色，头背面、前胸背板中带至覆翅中线红褐色，体侧和足具黑色小点，覆翅横脉较为突起。国内广布。

赤褐环螽

台湾奇螽
Mirollia formosana Shiraki, 1930

体长约 17 mm。体黄绿色，体侧和覆翅具小黑点，腹部气门上方具自前向后变小的褐色斑列，雄性覆翅发声区具 1 较大褐斑。南方较为广布。

台湾奇螽

掩耳螽 *Elimaea* sp.

体长约 22 mm。体绿色，体背褐色，足细长，翅狭长，翅脉呈网格状。同地分布数种，需通过性特征区分。一般在山区林下可见。

中华半掩耳螽

Hemielimaea chinensis Brunner von Wattenwyl, 1878

体长约 25 mm。体绿色，体背褐色，与掩耳螽相似，但较后者粗壮而翅宽短，覆翅中部的翅脉于中部起二分叉，前足胫节外侧听器开放式。一般在山区林下可见。

掩耳螽

中华半掩耳螽

华绿螽 *Sinochlora* sp.

　　体长约 30 mm。体绿色，覆翅基部近下缘具黑色和白色细线，前足腿节和膝部带红色。同地分布数种，需通过雄性特征区分。与绿螽属非常相似，后者翅基无明显白色细线，性特征也有不同。

华绿螽

截叶糙颈螽

截叶糙颈螽

Ruidocollaris truncatolobata (Brunner von Wattenwyl, 1878)

体长约 38 mm，较粗壮。体绿色，眼后至翅基具黄色线，覆翅具黄色小点。同地分布有凸翅糙颈螽 *R. convexipennis*，后者体型较小，面部、腹面、足膝部和跗节赤褐色，翅具较多红褐色斑块。一般在山区林下可见。

褐斜缘螽

褐斜缘螽

Deflorita deflorita (Brunner von Wattenwyl, 1878)

体长约 19 mm。体黄绿色，头背面、前胸背板背基部、覆翅发声区和中线黄白色，腹部黄白色并具深色网纹，黄白色部分下缘褐色，前后翅后部褐色。一般在山区林下可见。

歧尾平背螽

歧尾平背螽

Isopsera furcocerca Chen & Liu, 1986

体长约 25 mm。体绿色，前足胫节内外侧听器均开放式，前胸背板侧隆线明显。同地还分布有黑角平背螽 *I. nigroantennata*，后者触角较黑，前胸背板侧隆线褐色，翅脉黄色与翅面色差明显，足背面色较深。

驼螽科 Rhaphidophoridae

短凹突灶螽 *Diestramima brevis* Qin, Wang, Liu & Li, 2016

体长约 20 mm。无翅，体红褐色，具斑驳黑斑，背部斑纹较多变，通常为深色，但具 1 条浅色中线或中胸背板后部起向后具 1 个三角状浅色斑。雄性第 7 腹背板强烈向后突出为本属特征，可与城市下水道常见的内陆疾灶螽 *Tachycines meditationis* 区分。同地还分布有居中突灶螽 *D. intermedia* 等种类，可通过雄性腹末特征区分。浙江天目山低海拔常见种，夜行性。

短凹突灶螽

丑螽科 Anostostomatidae

暗褐猎黯螽

Anabropsis infuscata (Wang, Liu & Li, 2015)

粗壮的种类，体长约 36 mm。体褐色，具斑驳深色斑，前胸背板凹陷，前中足胫节刺突发达，前足胫节具听器，翅发达，远超出腹末，雄性前翅无发声器，雌性具发达的产卵器。夜间捕食性种类，具掘洞习性。

暗褐猎黯螽

天目乌糜螽 *Melanabropsis tianmuica* Wang & Liu, 2020

体长约 26 mm。无翅，体背面黑色，腹面浅色，六足腿节基半部浅色，前足胫节无听器，雌性产卵器向背面弯曲。模式产地为浙江天目山和广西猫儿山。捕食性种类，夜间多在大树基部发现。

蟋螽科 Gryllacrididae

长突优蟋螽 *Eugryllacris elongata* Bian & Shi, 2016

较宽胖的种类，体长约 30 mm。体绿色，覆翅黄褐色，翅略超出尾须末端。夜间捕食性种类，具纺丝织叶巢习性，无飞行能力，受惊后张牙竖翅警戒。

天目乌糜螽

长突优蟋螽

短刺同蟋螽 *Homogryllacris brevispina* Shi, Guo & Bian, 2012

体长约 22 mm。体绿色，覆翅带黄色，雄性第 10 背板具 1 个突起，雌性产卵器细长，远超出翅末。夜间捕食性种类，具纺丝织叶巢习性。

短刺同蟋螽

印记杆蟋螽 *Phryganogryllacris sigillata* Li, Liu & Li, 2016

体长约 26 mm。体黄褐色，头背、前胸背板和覆翅红褐色，头和前胸背板具黑色斑带，翅远超出腹末端。浙江天目山还分布有相似的夏氏杆蟋螽 *P. xiai*，但后者前胸背板黑斑为分离的两纵条状。夜间捕食性种类，具纺丝织叶巢习性。

印记杆蟋螽

短瓣杆蟋螽
Phryganogryllacris brevixipha
(Brunner von Wattenwyl, 1893)

体长约 20 mm。体绿色，覆翅黄褐色，翅较长，远超出腹末端。夜间捕食性种类，具纺丝织叶巢习性。

短瓣杆蟋螽

宽额黑蟋螽 *Melaneremus laticeps* (Karny, 1926)

体长约 20 mm。无翅，体黄褐色，体背红棕色，腹部背板后缘尤其后部具对称的黑色斑带或斑块。夜间捕食性种类，具纺丝织叶巢习性。

宽额黑蟋螽

鳞蟋科 Mogoplistidae

台湾奥蟋
Ornebius formosanus (Shiraki, 1911)

　　体长约 10 mm。体褐色，雄性翅宽短，近橙色，足为斑驳混合黑色和褐色。长江三角洲地区常见的凯纳奥蟋 *O. kanetataki* 雄性前胸背板后缘白色，翅相对窄小。长江三角洲地区目前记录于浙江天目山。

台湾奥蟋

马来长额蟋

暗色拟长蟋

黄褐默蟋

蟋蟀科 Gryllidae

马来长额蟋

Patiscus malayanus Chopard, 1969

体长约 13 mm。体黄褐色，头背部和前胸背板具红褐色纵线，额突相对长而端部窄于触角柄节，雄性前翅短而不达腹末端，无发音器，具后胸背腺，雌性前翅较长。在灌丛或草丛中生活，雌性在交配时取食雄性后胸背腺的分泌物。

暗色拟长蟋

Parapentacentrus fuscus Gorochov, 1988

体长约 14 mm。体黑褐色，雌雄相似，头背眼后具褐色纵线，头背后缘具 2 条短的褐色纵线，触角全部黑褐色，覆翅褐色，足腿节基半部具白带，膝部红色，雄性无发音器。较少见，为夜间灯下发现。

黄褐默蟋

Mistshenkoana kongtumensis Gorochov, 1990

体长约 14 mm。体黄褐色，体背颜色略深，后翅色深，长于前翅，雄性无发音器。本属和杂须蟋属 *Zamunda*、长须蟋属相似，通过雄性特征区别，本属物种鉴定亦须通过雄性特征，暂定为此种。本种记录于安徽池州。

普通长须蟋

Aphonoides japonicus (Shiraki, 1930)

体长约 15 mm。体黄褐色，覆翅色略深，部分横脉浅色，后翅长于前翅，后足胫节和尾须深浅色交替出现。本种记录于浙江天目山。

相似树蟋

Oecanthus similator Ichikawa, 2001

体长约 14 mm。体黄绿色，前口式，后翅长于前翅。同地还分布有青树蟋 *O. euryelytra*，但本种雄性前翅较窄，眼间一般非浅红色。多见于泡桐树和油桐树上。

刻点哑蟋

Goniogryllus punctatus Chopard, 1936

体长约 16 mm。体黑色，头背面两侧具明显的浅色条带，前胸背板两侧和腹基部两侧具略深的浅色条带，后足腿节背侧具黄褐色细线，无翅。同地还分布有粗点哑蟋 *G. asperopunctatus*，但后者前胸背板完全黑色。哑蟋通常分布于海拔较高的山区。

普通长须蟋

相似树蟋

刻点哑蟋

迷卡斗蟋 *Velarifictorus micado* (Saussure, 1877)

体长约 16 mm。体黄褐色至黑褐色为主，足色较浅，腹面黄白色，头顶后部具明显纹路。同地还分布有长颚斗蟋 *V. aspersus*，后者雄性上颚明显长而颜面两侧内凹，雌性则较难区分。本种主要分布于城市等低海拔地区，山区则以长颚斗蟋为优势种。

多伊棺头蟋 *Loxoblemmus doenitzi* Stein, 1881

亦称大棺头蟋。体长约 20 mm。类似斗蟋，但颜面明显倾斜，雄性尤其突出，颜面向两侧扩展突起，突起超出复眼。同地还分布有窃棺头蟋 *L. detectus*，后者雄性颜面两侧的突起不超出复眼。

迷卡斗蟋

多伊棺头蟋

垂角棺头蟋 *Loxoblemmus appendicularis* Shiraki, 1930

亦称尖角棺头蟋、附突棺头蟋。体长约 20 mm。类似多伊棺头蟋，但雄性头顶更为突出且凸起向下垂，触角基部具长而明显的突起（小型雄性和雌性该突起相对较小），雌性前翅较短，仅达腹部 1/2 处。图中个体记录于安徽池州。

垂角棺头蟋 上图：雄；下图：雌

黄脸油葫芦
Teleogryllus emma (Ohmachi & Matsumura, 1951)

体长约 24 mm。体黑褐色，头背面黑色，颜面包括眼上方黄色，颜面球形。城市等低海拔地区常见物种，夜间常出现在路灯下。

黄脸油葫芦

姐妹拟姬蟋
Comidoblemmus sororius Liu & Shi, 2015

亦称姐妹松蟋。体长约 10 mm。体褐色，头后部具黄色纹，雄性前翅较长覆盖整个腹部，前翅向后变宽，后缘较宽圆，雌性前翅较短。本种模式产地为浙江天目山。

姐妹拟姬蟋

暗黑幽兰蟋 *Duolandrevus infuscatus* Liu & Bi, 2010

体长约 25 mm。体黑褐色，体型较扁，头部球形无纹，雄性翅前翅只及腹部 1/2，雌性的更短，后翅退化。同地还分布有普通幽兰蟋 *D. dendrophilus*，但后者翅略短而体色略浅，准确区分需通过性特征。幽兰蟋仅生活于树皮下的缝隙。

黄角灰针蟋 *Polionemobius flavoantennalis* (Shiraki, 1911)

体长约 5 mm。体灰褐色，触角中段白色，下颚须第 4 节白色。同地分布有斑翅灰针蟋 *P. taprobanensis*，后者触角全部褐色。另有双针蟋属物种，后足腿节外侧具明显黑斑。在地表草丛中生活。

暗黑幽兰蟋

黄角灰针蟋

短额负蝗

锥头蝗科 Pyrgomorphidae

短额负蝗

Atractomorpha sinensis Bolívar, 1905

　　雄性体长约18 mm，雌性约33 mm。头顶锥状突起，体色绿色或褐色。因雌成虫常背负雄成虫而得名负蝗，长江三角洲地区最为常见的蝗虫之一。

剑角蝗科 Acrididae

短翅佛蝗

短翅佛蝗

Phlaeoba angustidorsis Bolívar, 1902

　　体长约28 mm，雄性较小。体褐色，触角末节白色，雄性体背多具浅色带，雌性则不明显，触角较长，尤其雄性触角可超过后足腿节基部，翅较短，明显不达后足腿节端部。山地相当常见的种类。

僧帽佛蝗

Phlaeoba infumata Brunner von Wattenwyl, 1893

　　体长约30 mm。体褐色，触角褐色，触角较短，雄性触角可达前胸背板后缘，雌性更短，翅较长，超出后足腿节端部。长江三角洲地区相对少见。

僧帽佛蝗

中华剑角蝗 *Acrida cinerea* (Thunberg, 1815)

雌性体长 60~80 mm, 雄性约为其 3/5 长。体绿色或褐色, 有时具褐色或浅色甚至粉红色纵纹, 头长锥形, 长于前胸背板, 触角剑状, 翅发达。常见物种, 惊飞后翅能发出啪嗒声。长江三角洲地区还记载有天目山剑角蝗 *A. tjiamuica* 和上海剑角蝗 *A. shanghaica*, 可能产地有误。

山稻蝗 *Oxya agavisa* Tsai, 1931

雌性体长约 35 mm, 雄性稍小。体绿色或褐色, 多有变化, 眼后至前胸背板背侧缘具深色纵带, 翅明显短于腹部。同地还分布有小稻蝗和中华稻蝗, 但后两者翅均长于腹末。本种在山区为优势种。

斑角蔗蝗 *Hieroglyphus annulicornis* (Shiraki, 1910)

雌性体长约 50 mm, 雄性较小。体黄绿色, 前胸背板横沟以及之前具几条横向黑线, 足红褐色。多生活于较高的芒草中。

中华剑角蝗

山稻蝗

斑角蔗蝗

腹露蝗

蔡氏蹦蝗

腹露蝗 *Fruhstorferiola* sp.

体长约 33 mm，雄性略小。体黄绿色，复眼之后至翅基具较宽的黑带，体背褐色，中线黑色，后足腿节具黑斑，胫节蓝绿色。同地分布有两个相似种，即黄山腹露蝗 *F. huangshanensis* 和绿腿腹露蝗 *F. viridifemorata*，前者体型稍大而翅稍长，准确区分需通过性特征。

蔡氏蹦蝗
Sinopodisma tsaii (Chang, 1940)

雌性体长约 28 mm，雄性较小。体黄绿色或褐色，眼后体侧具较长黑色带，后足膝部黑色，后足胫节蓝色，成虫仅具极短的翅。山区较为常见。

日本黄脊蝗 *Patanga japonica* (Bolívar, 1898)

雌性体长约 50 mm，雄性较小。体褐色，背中线具黄色纵纹，眼下具深色纹，前胸背板下缘黄色，侧面中部具浅色斑，覆翅下缘黄色，侧面斑驳。

日本黄脊蝗

短角直斑腿蝗

Stenocatantops mistshenkoi Willemse, 1968

也称短角线斑腿蝗。体长约 36 mm，雄性较小。体褐色，后胸侧板具 1 条向后斜下的浅色条纹，后足腿节具纵向条纹。同地还分布有长角直斑腿蝗 *S. splendens*，本种触角较粗短，中段一节触角长是宽的 1.5 倍，后者体稍大，触角较长，中段一节触角长是宽的 2 倍。

短角直斑腿蝗

长翅素木蝗 *Shirakiacris shirakii* (Bolívar, 1914)

体长约 40 mm，雄性较小。体褐色，前胸背板沿侧隆线具浅色条纹，覆翅具不规则黑斑，后足腿节具多少不连续的黑斑，后足胫节基部黄色，之后红色，前胸背板具明显的侧隆线，侧隆线不平行，稍弯曲，雄性尾须侧扁。

饰凸额蝗 *Traulia ornata* Shiraki, 1910

体长约 45 mm，雄性较小。体褐色，后足腿节具 1 个浅色斑，体表具粗糙刻点和刻纹，头部于触角间前突，前胸背板中隆线明显，并为 3 条横沟隔断，翅较短，仅达后足腿节中部。

长翅素木蝗

饰凸额蝗

短翅黑背蝗

Eyprepocnemis hokutensis Shiraki, 1910

雄性体长约 30 mm, 雌性约 45 mm。体暗褐色, 头背中部向后至前胸背板具黑色带, 两侧具浅色带, 后足胫节基半部具 2 个黑环, 端半部红色, 雄性尾须长锥形。

短翅黑背蝗

云斑车蝗

Gastrimargus marmoratus (Thunberg, 1815)

雄性体长约 30 mm, 雌性约 45 mm。体绿色或褐色, 覆翅侧面褐色具浅色横纹, 后足胫节红色, 亚基部具浅色环斑, 前胸背板中线脊状隆起。国内广布。

云斑车蝗

黄胫小车蝗

黄胫小车蝗
Oedaleus infernalis Saussure, 1884

雄性体长约24mm，雌性约34 mm。体褐色，具浅色和深色斑带，前胸背板具近 X 形白纹，中隆线发达，雄性后足股节内侧下缘以及胫节红色，雌性则为黄褐色。

黄脊竹蝗
Ceracris kiangsu Tsai, 1929

体长约 36 mm，雄性稍小。体绿色，触角黑色但端部浅色，头部中央至前胸背板中线具黄色纵纹，覆翅侧部深色，后足腿节端部黑色。

黄脊竹蝗

青脊竹蝗 *Ceracris nigricornis laeta* (Bolívar, 1914)

与黄脊竹蝗相比，本种体型较小，触角全黑，眼后和前胸背板侧缘具连续的黑带，后足股节下侧淡红色，前胸背板侧隆线较明显。

鹤立黑翅蝗 *Megaulacobothrus fuscipennis* Caudell, 1921

体长约 33 mm，雄性较小。体暗褐色，腹部橘黄色，腿节腹面和胫节橘红色，前胸背板侧隆线发达，在沟前区弯曲，腿节具发音齿。黑翅蝗曾作为雏蝗的亚属，现单独为属。

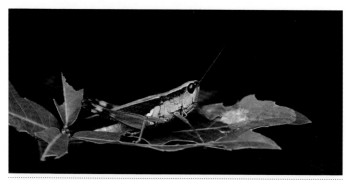

青脊竹蝗

鹤立黑翅蝗

蚱科 Tetrigidae

突眼优角蚱 *Eucriotettix oculatus* (Bolívar, 1898)

体长约 13 mm，雄性略小。体褐色，单个复眼宽度稍大于头顶宽度，侧面观复眼高出前胸背板，前胸背板侧叶薄片状扩大，形成横向尖锐的刺突，刺突后缘具凸起，前胸背板远超后足腿节端部，后翅发达，到达前胸背板后突末端。

突眼优角蚱

肩波蚱 *Bolivaritettix humeralis* Günther, 1939

体长约 13 mm，雄性略小。体褐色而具变化，单个复眼宽度明显窄于头顶宽度，侧面观头顶约与前胸背板齐平，前胸侧片外翻，近直角状，后缘中部内凹，前胸背板远超后足腿节端部，后翅发达，到达前胸背板后突末端。

澳汉蚱 *Austrohancockia* sp.

体长约 12 mm。体褐色，具粗糙刻纹和瘤突，头顶宽度略大于单个复眼宽的 2 倍，前胸背板沟后区强烈隆起，肩角略圆，侧片角状突出，后缘具一凹陷，前胸背板后突不及腹末，末端凹陷。图中个体拍摄于浙江天目山，不排除新种。

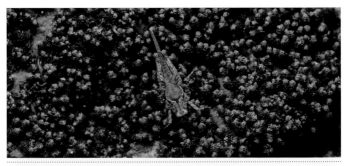

肩波蚱

澳汉蚱

佯鳄蚱

佯鳄蚱 *Paragavialidium* sp.

体长约 13 mm。体褐色，体背具较多突起，头顶明显宽于单个复眼，前胸背板侧片尖刺状，向前弯曲，前胸背板后突远超出腹末。安徽地区记录有 2 种佯鳄蚱：弯刺佯鳄蚱 *P. curvispinum* 和安徽佯鳄蚱 *P. anhuiense*。本种记录于浙江龙王山，与安徽佯鳄蚱相似，但前胸背板后突稍长。

台蚱 *Formosatettix* sp.

体长约 9 mm。体褐色，体背色略浅，头顶明显宽于单个复眼，前胸背板中隆线圆弧形强烈突起，后突与腹末等长。图中个体摄于浙江天目山，可能为同地记录的龙王山台蚱 *F. longwangshanensis*，但前胸背板中隆线较发表论文图示更高。

台蚱

蜢科 Eumastacidae

摹螳秦蜢 *China mantispoides* (Walker, 1870)

也称灰华蜢。体长约 22 mm，雄性稍小。体黄绿色至褐色，较斑驳，体背及覆翅深色，头顶和复眼明显高于前胸背板，触角短，11 节。通常见于山区。

柱尾比蜢 *Pielomastax cylindrocerca* Xia & Liu, 1989

体长约 24 mm，雄性稍小。体褐色，腹面浅色，前胸侧部具黑斑，触角短小，9 节，前胸背板侧隆线较弱，无翅。比蜢属已知 14 种，均分布于长江中下游流域。本种模式产地为杭州。

摹螳秦蜢

柱尾比蜢

革翅目 Dermaptera

大尾螋科 Pygidicranidae

瘤螋 *Challia fletcheri* Burr, 1904

体长（带尾铗）约 20 mm。体前段褐色，密布颗粒状刻点而无光泽，腹部后半段红褐色，密布刻点具光泽，足黄黑相间，腹末背板具 1 对球形瘤突。雄性尾铗粗壮，较弯曲，具一定变化，雌性尾铗细长，较直。

瘤螋

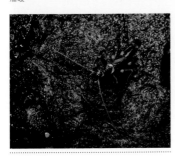

黑裂丝尾螋

丝尾螋科 Diplatyidae

黑裂丝尾螋 *Nannopygia nigriceps* (Kirby, 1891)

体长（带尾铗）约 11 mm。体黑褐色，前胸背板侧至后缘黄色，腿节和胫节基部和端部黄色，跗节黄色。丝尾螋若虫期尾须为细长分节的丝状，故而得名。南方广布。

单突丝尾螋科 Haplodiplatyidae
单突丝尾螋 *Haplodiplatys* sp.

　　体长（带尾铗）约 14 mm。体深红褐色，鞘翅和足的胫节跗节明显浅色。曾归于丝尾螋科，后单列为科。本种体色与模式产地为福建建阳的坳头单突丝尾螋 *H. aotouensis* Ma & Chen, 1991 较为一致。

单突丝尾螋

棒形钳螋

蠼螋科 Labiduridae

棒形钳螋
Forcipula clavata Liu, 1946

体长约 25 mm，雄性尾铗长约 15 mm，雌性尾铗长约 8 mm。体黑色，后翅翅柄端部内侧黄色，足黄色，前胸背板长大于宽，腹部第 3~8 节每侧具 2 个刺突。多在溪流附近活动。

球螋科 Forficulidae

异螋 *Allodahlia scabriuscula* Serville, 1839

体长（带尾铗）20~29 mm，雌性尾铗短。体黑色，几乎无光泽，前胸背板前侧角向前方成角，鞘翅具较多瘤突，鞘翅侧缘脊明显，但近鞘翅后缘之前消失，后翅翅柄可见。浙江天目山记载有中华异螋 *A. sinensis* (Chen, 1935)，后者鞘翅侧脊完整，无后翅。

异螋

日本张球蠼 *Anechura japonica* (Bormans, 1880)

体长（带尾铗）约 18 mm。体红褐色，前胸背板侧缘和后缘浅色，后翅翅柄具明显黄斑，足浅红褐色，雄性尾铗圆弧形内弯，基 2/5 处内侧具 1 个发达的内齿突，雌性尾铗小而稍直，无内齿突。多见于植物上活动。

多毛垂缘球蠼 *Eudohrnia hirsute* Zhang, Ma & Chen, 1993

体长（不带尾铗）12~19 mm，雄性尾铗长 8~17 mm，雌性尾铗长 12~16 mm。体黑色，前胸背板两侧稍浅，鞘翅红褐色，后翅翅柄内侧黄色，雄性尾铗中间内侧具 1 个大齿，基半部内侧具 1~3 个小齿，雌性尾简单，较直。

慈蟟 *Eparchus insignis* (Haan, 1842)

体长（不带尾铗）8~10 mm，尾铗长 6~8 mm。体深红褐色，鞘翅两侧稍浅，后翅翅柄橙黄色具深色纹，腹部第 6~8 节两侧具角状突，雄性尾铗圆弧形，基部背侧各具 1 个大瘤突，雌性尾铗简单，较直。

日本张球蠼

多毛垂缘球蠼

慈蟟

啮目 Psocoptera

狭啮科 Stenopsocidae

广狭啮
Stenopsocus externus Banks, 1937

体长近 4 mm。头部深褐色，头顶黄色，胸部深褐色，腹部红色，翅透明，翅痣黄色，内侧具深褐色带。

啮科 Psocidae

触啮 *Psococerastis* sp.

体长约 5 mm。头部黄褐色具褐色条纹，触角基部黄色，端部深色，胸部褐色和黄色相间，足黄色，但胫节端部和跗节色较深，翅透明具褐斑。本种与天目山触啮 *P. tianmushanensis* Li, 2002 近似。

广狭啮

触啮

单蚤科 Caeciliusidae

斜斑梵蚤
Valenzuela obliquus (Li, 1992)

体长约 2.5 mm。体红褐色，头部亮红色，翅具褐斑，触角短于前翅，翅具密毛，跗节 2 节。

斜斑梵蚤

重蚤科 Amphientomidae

重蚤 Amphientomidae sp.

体长约 2 mm。体灰褐色，具白色斑纹。重蚤科种类触角短，体表和翅具鳞片，跗节 3 节。

重蚤

半翅目 Hemiptera

菱蜡蝉科 Cixiidae

斑帛菱蜡蝉 *Borysthenes maculatus* (Matsumura, 1914)

体长约 4 mm。头、胸浅红褐色，头顶端梯形，中胸背板具 3 条明显的纵脊，前翅向端部变宽，翅面具较多白色和紫色斑纹，足细长，浅红褐色。

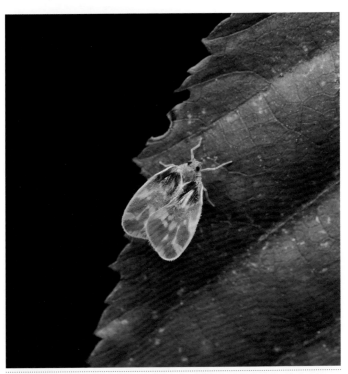

斑帛菱蜡蝉

颖蜡蝉科 Achilidae

条背卡颖蜡蝉 *Caristianus ulysses* Fennah, 1949

体长约 3 mm。体黑褐色，头背面沿中线向后至前翅中部具 1 条黄白色中带，前翅前缘中部有 1 条黄白色波形纵带，后方端角外缘具数个黄色小斑点。

扁蜡蝉科 Tropiduchidae

双突伞扁蜡蝉 *Epora biprolata* Men & Qin, 2011

体长约 8 mm。体浅绿色，复眼浅色，前翅透明，浅绿色，缘缝具棕黄色宽带，翅脉绿色。

条背卡颖蜡蝉

双突伞扁蜡蝉

嵌边波袖蜡蝉

甘蔗长袖蜡蝉

袖蜡蝉科 Derbidae

嵌边波袖蜡蝉

Losbanosia hibarensis (Matsumura, 1935)

体长约 4.5 mm。体紫褐色，头极小，触角相对较长，前翅透明，前缘具成排黄色和红褐色相间的斜纹，近前端的中央具 2 个三角形大红褐色斑，前翅后缘波状。寄主为梧桐及楸。

甘蔗长袖蜡蝉

Zoraida pterophoroides (Westwood, 1851)

体长约 5.5 mm。体灰褐色，头胸色较浅，前翅透明，前缘具 1 条黑褐色长带，M 脉 5 分叉，翅脉灰褐色，端缘白色。寄主为禾本科植物。

红袖蜡蝉 *Diostrombus politus* Uhler, 1896

体长约 4 mm。体橙红色，复眼浅色，足胫节跗节深色，触角短，前翅极长，透明，前缘色略深，中脉 6 支，后翅小。寄主为禾本科等植物。

红袖蜡蝉

象蜡蝉科 Dictyopharidae

月纹丽象蜡蝉 *Orthopagus lunulifer* Uhler, 1896

体长约 10 mm。体褐色，具深色和浅色斑点，前翅透明，翅痣黑色，其下缘具 1 个三角形黑褐色斑，外缘具 1 个新月形大黑褐色斑。曾于华东地区记录的 *O. splendens* 实为本种。

瘤鼻象蜡蝉 *Saigona fulgoroides* (Walker, 1858)

体长约 15 mm。黑褐色，头向前平直突出，中部具 3 对瘤状突起，端部呈棒槌形。中胸背板具 3 条纵脊，中脊处具 1 条黄白色纵带，贯通腹部。前翅透明，翅痣黑褐色。

月纹丽象蜡蝉

瘤鼻象蜡蝉

蜡蝉科 Fulgoridae

斑悲蜡蝉 *Penthicodes atomaria* (Weber, 1801)

体长约 9 mm。头、前胸背板棕黄色,具白色小斑,中胸背板黑色,腹部红色,前翅灰褐色,基半部散布黑斑,端半部散布浅色斑,后翅黄色,后缘基部血红色,臀区具褐色斑,前区具 3~4 个白斑,端部黑色具天蓝色小斑。

黄山新网翅蜡蝉 *Neoalcathous huangshanana* Wang & Huang, 1989

体长约 18 mm。体具不均匀的绿色,具黑色斑纹,翅具淡色环状或点状斑点,头突前伸上翘,与前胸背板中线处等长。模式产地为安徽黄山,较少见。

斑悲蜡蝉

黄山新网翅蜡蝉

瓢蜡蝉科 Issidae

球瓢蜡蝉
Ishiharanus iguchii (Matsumura, 1916)

　　体长约 6 mm。球状，似瓢虫。体棕黄色，头中部凹陷，红褐色，小盾片棕黄色，前翅棕黄色，具多个椭圆形红褐色至黑色斑，足红褐色。

球瓢蜡蝉

中华铲头瓢蜡蝉
Fortunia sinensis (Ôuchi, 1940)

　　体长约 9 mm。体褐色，具深色斑，额呈铲状突出，侧面观呈锐角前伸，前足腿节胫节正常。

中华铲头瓢蜡蝉

广翅蜡蝉科 Ricaniidae
丽纹广翅蜡蝉 *Ricanula pulverosa* (Stål, 1865)

体长约 6 mm。头、胸和前翅基部黄色，具黑色点状横纹，前翅前缘以及黄斑之后部分赤褐色，前缘中部具 1 个较大的白斑，顶角具 2 个黑斑。

丽纹广翅蜡蝉

蛾蜡蝉科 Flatidae
锈涩蛾蜡蝉 *Satapa ferruginea* (Walker, 1851)

体长约 5.5 mm。体褐色，密布绒毛，被零星白色的鳞片状毛，前翅较狭长，长为宽的 2 倍，翅面凹凸不平，翅后缘具圆弧状臀角。

锈涩蛾蜡蝉

沫蝉科 Cercopidae

东方丽沫蝉 *Cosmoscarta heros* (Fabricius, 1803)

体长约 14 mm。体黑色,翅基具横贯小盾片的黄色横带,中部还具 1 条黄色横带,足黄色,爪深色。

斑带丽沫蝉 *Cosmoscarta bispecularis* (White, 1844)

体长约 14 mm。体橘红色,前胸背板具 4 个黑斑,前翅端部网状脉纹区黑色,之前还具 7 个黑斑。

东方丽沫蝉

斑带丽沫蝉

稻沫蝉 *Callitettix versicolor* (Fabricius, 1794)

体长约 12 mm。体黑色，较狭长，前翅近基部具 2 个白斑，近端部具 1 个肾形红斑（雄）或一大一小 2 个红斑（雌）。寄主为稻等禾本科植物。

蝉科 Cicadidae

刺蝉 *Scolopita* sp.

体长约 16.5 mm。体黑褐色，具明显的黄色条纹，被稀疏的银色短毛，前、后翅透明。浙江本属仅记录莫干山刺蝉 *S. mokanshanensis*，可能为该种。

赤西蝉 *Tibeta zenobia* (Distant, 1912)

体长约 20 mm。体红褐色与黑色相间，被较密的银白色短毛，复眼红棕色，前胸背板黑色，前、后翅透明，前翅基部和体背带红色为其识别特征。

稻沫蝉

刺蝉　　　　　　　　　　　　　　　赤西蝉

黑翅红蝉

Huechys sanguinea (De Geer, 1773)

体长约 20 mm。体黑色, 被黑色长毛, 复眼、单眼及后唇基红色, 中胸背板红色, 中央有 1 条非常宽的黑色纵带, 腹部红色, 前翅黑色, 不透明。

黑翅红蝉

湖南草蝉

Mogannia tumdactylina Chen, Yang & Wei, 2012

体长约 18 mm。体黑褐色, 被银色至金色短毛, 头背面三角形, 窄于中胸背板基部, 中胸背板背面观稍窄于外片, 无明显斑纹, 前、后翅透明, 前翅沿结线有 1 根赭黄色的宽横带。

湖南草蝉

兰草蝉 *Mogannia cyanea* Walker, 1858

体长约 17 mm。体黑色，具金属蓝或紫光泽，前翅基半部翅脉橙色，体被黑褐色短毛，头锥状突出。

兰草蝉

毛蟪蛄 *Suisha coreana* (Matsumura, 1927)

体长约 20 mm。与蟪蛄相似，但头前方圆弧形突出而非较平截，体色绿色与黑色相间而不带橙色，前翅前缘不弯曲，体表白毛明显。本种发生季节为 10 月左右，与蟪蛄不同。

毛蟪蛄

震旦大马蝉 *Macrosemia pieli* (Kato, 1938)

体长约 46 mm，雌性较短。体深褐色为主，间有绿色以及黄色斑纹，前胸背板约与中胸背板等长，雄性腹瓣左右分离。

蟪蟪 *Tanna japonensis* (Distant, 1892)

体长约 40 mm，雌性较短。体红褐色，复眼内侧具绿色条纹，前胸背板中纵线具 1 条绿色纵纹，雄性腹部第 3、第 4 腹板具瘤突，腹末白色蜡粉常较明显。主要见于中高海拔区域。

震旦大马蝉

蟪蟪

螗蝉
Pomponia linearis (Walker, 1850)

体长约 47 mm，雌性较短。体褐色，前胸背板中纵线两侧具 1 对中间不接触的 X 形绿纹，部分翅脉深色具斑，雄性腹板无瘤突。主要见于低海拔区域。

大洁蝉
Purana gigas (Kato, 1930)

体长约 30 mm，雌性较短。体红赭色，被短白毛，前胸背板两侧各具 1 个深色大斑，中胸背板两侧各具 1 条深色纵带，与上述斑相连，中间具 3 条深色短线，前翅横脉具 4 个黑斑。

螗蝉

大洁蝉

小黑日宁蝉
Yezoterpnosia obscura (Kato, 1938)

体中型，体长约 12 mm，黑色，体表密布银黄色毛。前胸背板与头部等长，中胸背板中央具不明显的暗褐色斑纹，X 形隆起黄褐色，前翅仅第 2、第 3 端室基横脉处有烟褐色斑点。成虫春季羽化。

斑透翅蝉 *Hyalessa maculaticollis* (Motschulsky, 1866)

亦称鸣鸣蝉。体大型，体长约 35 mm。黑色，具较多绿色斑纹，中胸后部至腹背基部具大块白色粉被，腹部粗短，前翅具 4 个褐斑。多见于低海拔山区。

贾氏螓蝉 *Auritibicen jai* (Ouchi, 1938)

体长约 44 mm。体深褐色，前胸背板中央具翠绿色倒箭头斑纹，外缘翠绿色，两侧具 1 对朱红色椭圆形斑，中胸背板中央具翠绿色 W 形纹，两侧及之后腹部两侧具白色蜡粉，前后基半部翅脉翠绿色。见于高海拔区域。

小黑日宁蝉

斑透翅蝉

贾氏螓蝉

南蚱蝉

南蚱蝉

Cryptotympana holsti Distant, 1904

体长约 47 mm。与黑蚱蝉相似，但体黑色发亮，腹侧和腹面红斑颜色鲜艳，翅基半部黑色，雄性腹瓣较长，末端较尖。长江三角洲地区新记录物种，浙江天目山低海拔具稳定种群。

角蝉科 Membracidae

绍德锚角蝉

Leptobelus sauteri Schumacher, 1915

体长约 9.5 mm。体栗褐色至黑色，前胸斜面近垂直，中脊明显，背盘部升高，中背突柱状，从其顶端向两侧伸出细长的侧支，端部向后弯曲，前翅基部具刻点，褐色，其余黄褐色或透明。寄主为猕猴桃及榆。

绍德锚角蝉

背峰锯角蝉 *Pantaleon dorsalis* (Matsumura, 1912)

体长约 6 mm。体暗褐色，有细刻点，密被混有灰白色的细毛，肩角发达，上肩角粗壮，分 2 叉，后突起从前胸背板后缘伸出，近中部有大而侧扁的背结。寄主为蔷薇科植物。

背峰锯角蝉

叶蝉科 Cicadellidae

黑尾大叶蝉

Bothrogonia ferruginea (Fabricius, 1787)

体长约 13 mm。体黄绿色至橙色。头冠具 2 个黑斑，单眼黑色，前胸背板前缘域具 1 个黑斑，后缘具 1 对黑斑，小盾片中央斑和端角黑色，前翅基部具黑色小斑，端部黑色。

黑尾大叶蝉

橙带突额叶蝉

Gunungidia aurantiifasciata (Jacobi, 1944)

体长约 16 mm。体灰白色至白色，头冠具 4 个黑色小斑，前胸背板前缘具 2 对黑色小斑点，小盾片基侧角和端部有黑色斑或缺，前翅具多条橙黄色斑纹。

橙带突额叶蝉

白边大叶蝉

Kolla atramentaria (Motschulsky, 1859)

体长约 7 mm。头冠绿色或橙色，具 4 个黑色斑点，前胸背板前半部绿色或橙色，后半部黑色，小盾片绿色或橙色，基侧角具 11 对黑色斑点，前翅黑褐色，前缘域具黄白色透明窄边。

白边大叶蝉

黑颜单突叶蝉

黑颜单突叶蝉
Olidiana brevis (Walker, 1851)

体长约 8 mm。体黑色，头冠橙黄色至橙红色，前胸背板红褐色至黑色，具颗粒状突起和皱纹，小盾片黑色，顶端或具黄斑，前翅黑褐色，具 2 条白色透明至黄色宽带。

东方拟隐脉叶蝉

东方拟隐脉叶蝉
Sophonia orientalis (Matsumura, 1912)

体长约 5 mm。体黄白色，头冠顶端有近长方形黑色斑，其后连接 2 条黑色纵线，此纵线于头冠后缘合并贯穿前胸背板、小盾片，前翅黄白色，端 2 室内圆形斑、前缘域端部 2 条短斜纹黑色。寄主为茶、桑及相思树。

长臂阔颈叶蝉

长臂阔颈叶蝉
Drabescoides longiarmus Li & Li, 2010

体长约 7 mm。体紫褐色，头冠前后缘近平行，中央具黑色横斑，前胸背板密布细横皱纹，前缘具汇聚在一起的黑色大斑，中、后域具黑色碎斑点，前翅浅褐色，半透明，翅脉深褐色。

宽胫槽叶蝉 *Drabescus ogumae* Matsumura, 1912

　　体长约 9 mm。体黑褐色，头冠前端圆弧状凸出，密布黄色斑点，前胸背板密布细横皱纹，密布黄色斑点，中域具黄色宽纵带，前翅褐色，具白色斑点，端片黑色，足腿节红棕色。寄主为桑及苎麻。

楝白小叶蝉 *Elbelus tripunctatus* Mahmood, 1967

　　体长约 4.5 mm。体白色，头冠短宽，前缘具 1 对黑色斑，前胸背板具横皱纹，小盾片横刻痕略弧形，中域具 1 个黑色圆斑，前翅灰白色。寄主为苦楝、大麻及棉花。

木虱科 Psyllidae

合欢羞木虱 *Acizzia jamatonica* (Kuwayama, 1908)

　　体长约 2.5 mm。体黄色至黄绿色，触角第 3~7 节端部褐色，第 8 节端部和第 9、第 10 节黑色，足黄色，端跗节黑褐色，前翅透明。若虫群能分泌大量蜡丝，寄主为合欢。

宽胫槽叶蝉

楝白小叶蝉

合欢羞木虱

绵蚧科 Monophlebidae
澳洲吹绵蚧
Icerya purchasi Maskell, 1879

雌性体长约 6 mm,雄性约 3 mm。性二型,雌成虫固着生活,半球形,无翅,橙红色或暗红色被白色蜡粉,雄性红色,具 1 对灰色翅,触角发达。

澳洲吹绵蚧

奇蝽科 Enicocephalidae

沟背奇蝽 *Oncylocotis* sp.

体长约 6 mm。体黄褐色,复眼红色,体表具短毛,头在复眼后方鼓成球状,触角第 1 节不超过头前端,第 2 节明显短于第 3 节,喙 4 节,前胸背板中叶具中央纵沟。图中个体为短翅型雌虫,雄性未知。地表捕食性类群。

沟背奇蝽

光背奇蝽 *Stenopirates* sp.

体长约 5 mm。体黑褐色,体表具大量柔毛,头与前胸背板约等长,前翅较长,超过腹部末端,基部、前缘及翅痣红色,足红色带褐色。见于叶片表面。

毛角蝽科 Schizopteridae

僻毛角蝽 *Pinochius* sp.

体长约 2 mm。体深褐色,体表密被平伏的金黄色短毛,头近三角形,强烈垂直,触角第 3、第 4 节具直立和半直立长毛,前翅呈屋脊状交叠在体背。栖息于水边。

光背奇蝽

僻毛角蝽

黾蝽科 Gerridae

涧黾 *Metrocoris* sp.

体长约 5 mm。体黄褐色，头部中央具 1 个大黑褐色斑，前胸背板具 1 对椭圆形黑色斑，中胸背板具 1 对弧形黑褐色斑，腹部粗短。

黾蝽 *Aquarius* sp.

体长约 16 mm，雄性较小。体黑色，体侧浅色，中后足极长。本种为长江三角洲地区最大的黾蝽，可能为长翅大黾蝽 *A. elongatus*。

涧黾

黾蝽

蝎蝽科 Nepidae

霍氏蝎蝽
Nepa hoffmanni Esaki, 1925

体长约 28 mm。体灰褐色至深褐色，体表粗糙，头小，前胸背板前缘明显凹陷，前足股节加粗，胫节稍弯，呼吸管短。捕食性，栖息于静水或水流缓慢的水体中。

霍氏蝎蝽

划蝽科 Corixidae

小划蝽 *Micronecta* sp.

体长约 3 mm。体青灰色，前翅革片具 4 条褐色纵纹，外侧 2 条在端部会合，爪片上的 2 条浅褐色纵纹在顶端会合，复眼大，触角 3 节，背面几不可见，前足跗节汤匙状，后足桨状，为游泳足。

小划蝽

大仰蝽

华粗仰蝽

原花蝽

仰蝽科 Notonectidae

大仰蝽 *Notonecta* sp.

体长约 14 mm。头青白色,复眼红褐色,前胸背板前叶青白色,后叶黑色,小盾片黑色,足青白色,后足胫节跗节色深,前翅基部 1/3 橘红色,近端部 1/3 处具 1 条橘红色细横带。可能为中华大仰蝽 *N. chinensis*,捕食性,多见于静水。

华粗仰蝽
Enithares sinica (Stål, 1854)

体长约 9 mm。体背面观乳白色至黄褐色,复眼红褐色,前胸背板乳白色至褐色,小盾片乳白色,部分个体具黑色条纹,足白色至棕色。腹面翠绿色,腹部中央具纵沟,具长毛。

花蝽科 Anthocoridae

原花蝽 *Anthocoris* sp.

体长约 3.5 mm。体黑色,体表被细密柔毛,具 1 对单眼,触角 3 节,棕红色,顶端颜色渐深,足红褐色,前翅革片基部具棕色斑,膜片透明,端部具黑色大斑。捕食性,冬季常在树皮下与螨、蚜及蓟马一同被发现。

盲蝽科 Miridae

斑纹毛盲蝽
Lasiomiris picturatus Zheng, 1986

体长约 7 mm。体棕色和浅黄色间隔的纵纹，头两侧淡色纵纹明显，前胸背板及小盾片具 3 条连贯的纵纹。主要栖息于莎草科植物上。

斑纹毛盲蝽

深色狭盲蝽
Stenodema elegans Reuter, 1904

体长约 9 mm。体深棕色，前胸背板两侧和翅前缘具翠绿色纵带纹，足绿色。本种与山地狭盲蝽 *S. alpestris* 在外观上较难区分。主要栖息于禾本科植物。

深色狭盲蝽

宫本戟盲蝽
Dryophilocoris miyamotoi Yasunaga, 1999

体长约 6 mm。体黑色，触角第 1 节黄色至橘黄色，其余棕色至黑色，前胸背板后缘白色。前翅黑色，革片基部具 1 个白色至黄色长形斑，楔片白色至黄白色，具黑色斑，足白色至黄色。

宫本戟盲蝽

明翅盲蝽 *Isabel ravana* (Kirby, 1891)

体长约 7.5 mm。体黄褐色至褐色，头具 2 条黄色斜纵纹，前胸背板花纹复杂，具眉状痕粗新月形斑纹，小盾片褐色，纵纹黄褐色，前翅透明，爪片与革片边缘褐色，楔片红褐色。

明翅盲蝽

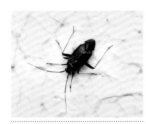

三环苜蓿盲蝽

三环苜蓿盲蝽
Adelphocoris triannulatus (Stål, 1858)

体长约 9 mm。体黑色，体表具白色密毛，触角第 3、第 4 节基部黄色，前胸背板后缘黄色，小盾片端部黄色，前翅楔片黄色，端部黑色，足胫节黄色，端部深色。

网蝽科 Tingidae

杜鹃冠网蝽
Stephanitis pyrioides (Scott, 1874)

体长约 3.5 mm。体浅色，翅具 2 条深色横带，头中叶向前突出明显，前胸背板网室面积向后逐渐增大，头兜宽大，长椭圆形，前端成较短的锐角，前翅前缘自基部至中部呈圆弧状弯曲。寄主为杜鹃花科马醉木属和杜鹃属植物。

杜鹃冠网蝽

窄眼网蝽

Leptoypha capitata (Jakovlev, 1876)

体长约 3 mm。体褐色，头黑色，触角黑色，第 3 节棕色，第 3 节长度是第 4 节的 2 倍以上，前胸背板上的刻点粗而浅，前翅窄，宽度约与前胸背板最宽处相等。寄主为丁香、苹果及梨。

窄眼网蝽

姬蝽科 Nabidae

山高姬蝽

Gorpis brevilineatus (Scott, 1874)

体长约 10 mm。体棕褐色，触角细长，第 1、第 2 节几乎等长，第 3 节最长，第 4 节短，足浅棕黄色，股节近端部各具 2 条环状纹,前翅褐色，具棕黄色斑，翅脉棕黄色。

山高姬蝽

雷氏异姬蝽

Alloeorhynchus reinhardi Kerzhner & Günther, 1999

体长约 5 mm。体黑色，触角棕黑色，第 1 节棕黄色。前胸背板光滑缺刻点，足棕黄色，前翅棕黑色，革片基半部棕黄色。本种具长翅与短翅两型。地表捕食性类群。

雷氏异姬蝽

猎蝽科 Reduviidae

半黄直头猎蝽 *Sirthenea dimidiata* Horváth, 1911

体长约 20 mm。体黑色，前翅革片前缘棕黄色，爪片外缘棕黄色，足黄色，胫节颜色较深，后足股节近端部和胫节黑色。本种具长翅与短翅两型。地表捕食性类群。

齿缘刺猎蝽 *Sclomina erinacea* Stål, 1861

体长约 15 mm。体黄褐色，体表多刺，头触角后方每侧具 3 枚长刺，前端中央具 2 枚短刺，前胸背板前叶多刺，后叶具 4 枚尖刺，中胸侧板具瘤突，腹部侧接缘各节扩展呈尖锐的叶状刺。

半黄直头猎蝽

齿缘刺猎蝽

六刺素猎蝽 *Epidaus sexspinus* Hsiao, 1979

体长约 18 mm。体棕色，被浓密黄色短毛，触角第 1 节具 2~3 个宽阔的黄色环纹，前胸背板近后缘具黑色横带，横带两侧各具 1 枚刺。

六刺素猎蝽

云斑瑞猎蝽 *Rhynocoris incertis* (Distant, 1903)

体长约 16 mm。体黑色，较扁平，被淡色稀疏短毛，头侧缘、两眼间、触角基、前胸背板前叶、后叶侧缘及后缘、革片侧缘及基缘和腹节后角红色。

云斑瑞猎蝽

褐背猎蝽 *Reduvius xantusi* (Horváth, 1879)

体长约 18 mm。体深褐色,触角第 2 节浅色,足胫节和跗节黄色,前翅革片基部及膜片前缘棕黄色。

淡裙猎蝽 *Yolinus albopustulatus* China, 1940

体长约 24 mm。体黑色,腹后半部侧部白色,腹部宽大,向侧背部强烈扩展,侧缘波状。多见于针叶树树干上。

扁蝽科 Aradidae

喙扁蝽 *Mezira* sp.

体长约 10 mm。体棕黑色,具金黄色毛,头前端伸达触角第 1 节末端,眼后刺短齿状,前胸背板横宽,宽约为长的 2 倍,前叶具 4 个突起,侧接缘双色,各节后角黄褐色,侧接缘第 2~6 节后角无刺。菌食性,栖息于树皮下。

褐背猎蝽

淡裙猎蝽

喙扁蝽

蛛缘蝽科 Alydidae

副锤缘蝽
Paramarcius puncticeps Hsiao, 1964

体长约 14 mm。体暗黄色至灰褐色，具黑色刻点及斑纹，前胸背板几成水平位置，稍长于宽。前翅达于腹部末端，膜片透明，后胸侧板后缘斜直，后角不突出。

副锤缘蝽

缘蝽科 Coreidae

月肩奇缘蝽 *Molipteryx lunata* (Distant, 1900)

体长约 24 mm。体褐色。触角第 4 节颜色较浅，前胸背板向前伸出，不超过头前端，侧缘具齿，侧角后缘凹陷，雄虫后足胫节腹面中部稍呈角状扩展，雌虫后足胫节内外两侧均稍扩展。

月肩奇缘蝽

叶足特缘蝽 *Trematocoris tragus* (Fabricius, 1787)

体长约 23 mm。体褐色，前胸背板表面具黑色疣状突，侧叶极度扩展，指向前方，超过头的前端，雄虫后足胫节具叶状突，扩展部分超过胫节中央。

叶足特缘蝽

斑背安缘蝽 *Anoplocnemis binotata* Distant, 1918

体长约 23 mm。体褐色，触角第 4 节橘红色至棕红色，前胸背板侧缘直，侧角圆钝，雄虫后足股节弯曲，粗壮，内侧中部齿状突起。

刺副黛缘蝽 *Paradasynus longirostris* Hsiao, 1965

体长约 18 mm。体黄绿色至红褐色，密布黑色刻点，触角红褐色，第 4 节基部黄色，前翅革片及爪片红褐色，翅脉黄褐色，膜片黑褐色至黑色，前胸背板前侧缘平直，侧角向侧上方翘起，刺状。

斑背安缘蝽

刺副黛缘蝽

宽黑缘蝽

Hygia lata Hsiao, 1964

体长约 16 mm。黑色，触角第 3 节基部及第 4 节大部棕黄色，革片近顶缘中央具 1 个黄白色斑，腹节后侧浅色，前胸背板侧接缘平直，前角达到背板前缘，前翅不达腹部末端。

宽黑缘蝽

瓦同缘蝽 *Homoeocerus walkerianus* Lethierry & Severin, 1894

体长约 17 mm。体绿色，头棕黄色，触角深棕色，第 4 节基部棕黄色，前胸背板棕黄色，侧缘深棕色，胫节棕色至黑褐色，前翅棕褐色，革片前侧缘嫩绿色，其端部 1/3 处向内膨大。

瓦同缘蝽

山竹缘蝽 *Notobitus montanus* Hsiao, 1963

体长约 21 mm。体黑褐色，触角，第 4 节基半部橙色，端部颜色较深，足跗节浅色，前胸背板表面具细密刻点，稍呈横纵纹，后足股节加粗，腹面具刺列。

山竹缘蝽

娇背跷蝽

跷蝽科 Berytidae

娇背跷蝽

Metacanthus pulchellus (Dallas, 1852)

　　体长约 4 mm。体纤长，棕黄色，头浅色，具 2 条棕色纵纹，触角和足白色，均匀分布黑色环状斑纹，前胸背板棕色，中央具 1 条白色纵纹，小盾片黑褐色，具 1 枚直立长刺，腿节端部膨大。寄主为蔷薇科植物及泡桐。

拟丝肿腮长蝽

长蝽科 Lygaeidae

拟丝肿腮长蝽

Arocatus pseudosericans Gao, Kondorosy & Bu, 2013

　　体长约 7 mm。体黑色，密被细密绒毛，头红色，中央具黑色大斑，前胸背板具刻点，具 3 条红色纵纹，小盾片黑色，中央具 1 条红色纵纹，前翅黑色，近革片外缘具红色细边，足黑色。

中国束长蝽

束长蝽科 Malcidae

中国束长蝽

Malcus sinicus Štys, 1967

　　体长约 3.7 mm。体褐色，略具光泽，体表具金黄色长毛，触角第 2、第 3 节细长，黄色，基部棕色，第 4 节黑褐色，前翅革片、爪片具粗刻点，膜片灰色，具黑色不规则长斑纹。

梭长蝽科 Pachygronthidae

拟黄纹梭长蝽
Pachygrontha similis Uhler, 1896

体长约 7.5 mm。体黑褐色，体表密布刻点，前胸背板中部中纵脊黄色，延伸至后叶，小盾片具 3 个黄斑。本种与黄纹梭长蝽 *P. flavolineata* 及拟黄纹梭长蝽 *P. similis* 相似，但其可以通过前胸背板侧缘具刻点且侧接缘无黑斑区分。

拟黄纹梭长蝽

斑翅细长蝽

地长蝽科 Rhyparochromidae

斑翅细长蝽
Paromius excelsus Bergroth, 1924

体长约 7 mm。体棕色，前胸背板前叶具细毛，后叶刻点明显，小盾片深色，端部具黄斑，前翅革片前缘及端部各具 1 个黑斑，前足股节膨大，下方具刺列。

大黑毛肩长蝽 *Neolethaeus assamensis* (Distant, 1901)

体长约 11 mm。体黑色，触角第 3 节端半黄白色，前胸背板除胝区外，均匀分布刻点，近后角具黄色斑，前翅爪片近内角及内缘各 1 个长形斑，革片在 R+M 脉内支基部及端缘中央各具 1 个小黄斑，有时不明显。

大黑毛肩长蝽

同蝽科 Acanthosomatidae

点匙同蝽 *Elasmucha punctata* (Dallas, 1851)

体长约 9.5 mm。体黄褐色至暗棕绿色，具黑色刻点，头和前胸背板前部色浅，触角第 4、第 5 节端半深色，前胸背板侧角明显突出，小盾片顶角具黄白色斑。

伊锥同蝽 *Sastragala esakii* Hasegawa, 1959

体长约 12 mm。体背褐色，头绿色，前胸前角突出，突出之前侧缘绿色，翅革片前缘绿色，小盾片端部白色，中域具 1 个心形大白斑。

点匙同蝽

伊锥同蝽

蝽科 Pentatomidae

朝鲜蠋蝽 *Arma koreana* Josifov & Kerzhner, 1978

体长约 13 mm。体浅褐色，密布红棕色刻点，头侧叶与中叶近等长，前胸背板前侧缘具微锯齿，侧角圆钝或角状突出，腹部腹面黄白色，足黄白色至棕黄色。本种与蠋蝽 *A. custos* 相似，可通过足股节缺深色刻点及臭腺孔缘缺黑斑加以区分。捕食性。

朝鲜蠋蝽

黑曙厉蝽 *Eocanthecona thomsoni* (Distant, 1911)

体长约 14 mm。体黑色，触角第 4、第 5 节基部棕黄色，前胸背板棕褐色，具白色小斑，侧角较钝，小盾片基角各具 1 个白斑，小盾片末端黄白色，中、后足胫节中段白色，前足胫节外侧扩展，各节侧接缘端部浅白。

黑曙厉蝽

宽曼蝽

宽曼蝽

Menida lata Yang, 1934

体长约 6 mm。体黄褐色至黑褐色，密布黑色刻点，小盾片大，基半及端部黄白色，基部及中部具黑色斑纹，色斑具变异，前翅革片青灰色，端部具黑色大斑，膜片透明，具黑褐色椭圆形斑。寄主为豆科植物及水稻。

碧蝽 *Palomena angulosa* (Motschulsky, 1861)

体长约 13 mm。体绿色，密布深色刻点，触角端部色深，翅膜片黑色，前胸背板侧角伸出较多，圆钝。

碧蝽

弯角蝽 *Lelia decempunctata* (Motschulsky, 1860)

体长约 20 mm。体橘褐色, 密布深色刻点, 触角末 2 节深色, 前胸背板中部具 4 个小黑点的横列, 侧角粗大, 强烈前弯而指向前方, 小盾片基半中央具 4 个小黑点, 前翅革片近前缘中部具 1 个黑斑。

斑莽蝽 *Placosternum urus* Stål, 1876

体长约 17 mm。体浅绿色至黄褐色, 多为不规则黑斑, 触角黑白色相间, 前胸背板侧角发达, 不向前弯曲, 端部突起较不明显, 小盾片末端的舌状部狭长。

弯角蝽

斑莽蝽

黄蝽 *Eurysaspis flavescens* Distant, 1911

体长约 14 mm。体黄绿色, 头浅棕黄色具褐纹, 触角红色, 第 5 节颜色稍淡, 小盾片绿色, 基角处每侧具多个黄白色小斑点。

厚蝽 *Exithemus assamensis* Distant, 1902

体长 16 mm。体褐色, 密布黑褐色刻点, 触角第 5 节除顶部外黄褐色, 前胸背板中部两侧角之间的刻点较少, 由此形成 1 条隐约可见的细横纹, 小盾片端部具 1 个黄白斑。

厚蝽

黄蝽

日本羚蝽 *Alcimocoris japonensis* (Scott, 1880)

体长约 8 mm。体黄褐色，密布黑褐色不规则刻纹，头部中央具 2 条黄色纵纹，中部具 1 黄褐色小斑或长形斑，前胸背板侧角发达，前部两侧各具 1 个光滑的黄白斑，前缘处具 1 对狭长的黄白斑，小盾片基部具 1 对黄色大斑。

日本羚蝽

华麦蝽 *Aelia fieberi* Scott, 1874

体长约 9 mm。体黄褐色，密布刻点，头长，侧叶在中叶前会合，由头部至前胸背板后缘由黑褐色刻点组成三角形纹，头及前胸背板侧缘具黑褐色带，由前胸背板至小盾片末端具 1 条单色纵中线。

华麦蝽

点蝽
Tolumnia latipes Dallas, 1851

　　体长约 10 mm。体褐色，密布黑褐色刻点及不规则云纹，触角第 4、第 5 节黑褐色，基部黄白色，小盾片基角处各具 1 个大白斑或缺，末端具 1 个大白斑。足黄白色，散布黑色小斑。

点蝽

全蝽 *Homalogonia obtusa* (Walker, 1868)

　　体长约 14 mm。体烟灰色，密布黑色刻点，头侧叶略超过中叶，触角第 4、第 5 节深色，第 5 节基部明显浅色，前胸背板前侧缘前 1/3 具锯齿，侧角圆钝，前翅膜片深褐色，足密布黑色小点。

全蝽

驼蝽 *Brachycerocoris camelus* Costa, 1863

体长约 6 mm。体黑褐色，密被短毛，体厚实，凹凸不平，前胸背板前半中央均具 1 个显著的角突，前胸背板后半具强烈褶皱，小盾片基部中央具瘤突，后端处具 1 个较小瘤突。

墨蝽 *Melanophara dentata* Haglund, 1868

体长约 8 mm。黑褐色，具细密黄毛，前胸背板前半明显隆起，侧角短而尖，平伸于体外，小盾片很大，中部具 1 对斜行隆起，末端不达腹部末端。

驼蝽

墨蝽

无刺疣蝽 *Cazira inerma* Yang, 1934

　　体长约 11 mm。体黄褐色，足具白色的线和斑点，体背部凹凸不平，小盾片基部具 1 对大疣突，两侧还各具 1 个小疣，前足胫节叶状。同地还分布有峰疣蝽 *C. horvathi*，但本种小盾片具单个巨大的疣突，前胸背板侧角刺状。

无刺疣蝽

龟蝽科 Plataspidae

小饰圆龟蝽 *Coptosoma parvipicta* Montandon, 1892

　　体长约 4 mm。体黑色，密布小刻点，前胸背板侧缘中央小斑、小盾片基胝两端小斑及后部边缘黄褐色，小盾片宽大，完全遮蔽翅。

小饰圆龟蝽

和豆龟蝽 *Megacopta horvathi* (Montandon, 1894)

体长约 4 mm。体黄绿色，光亮，不均匀分布深色刻点，头黑褐色，复眼内侧及头后缘共具 3 个黄斑，前胸背板中央前方具 1 条刻点横带，横带前深色，小盾片基胝两端黄白色。寄主为豆科植物。

和豆龟蝽

盾蝽科 Scutelleridae

扁盾蝽 *Eurygaster testudinaria* (Geoffroy, 1785)

体长约 9 mm。体黄褐色，密布黑色刻点，前胸背板前侧缘平直，中部具棕黄色中纵线，与小盾片中纵线贯通，并在小盾片端部加宽形成近三角形浅斑。寄主为禾本科植物。

扁盾蝽

暗绿巨蝽

荔蝽科 Tessaratomidae

暗绿巨蝽

Eusthenes saevus Stål, 1863

体长约 30 mm。体绿色，具光泽，触角黑色，第 4 节基部黄白色，前胸背板前中部具 1 对深色斑，小盾片顶端黄褐色，足深色，雄虫股节粗大，腹面具刺。

斑缘巨蝽 *Eusthenes femoralis* Zia, 1957

体长约 29 mm。与暗绿巨蝽相似，但触角第 4 节端部黄白色，足较浅色，腹部背板大部绿色，仅基侧黄褐色。

弯胫荔蝽

Eusthenimorpha jungi Yang, 1935

体长约 27 mm。体绿色，稍带荧光，触角黑色，第 4 节端部棕黄色，头大部、前胸背板侧缘、前翅革片前缘、腹侧红铜色，小盾片顶端红色。

斑缘巨蝽

弯胫荔蝽

异蝽科 Urostylididae

蠊形娇异蝽 *Urostylis blattiformis* Bergroth, 1916

体长约 13 mm。体绿色，头光滑无刻点，触角红褐色，第 4、第 5 节基部棕黄色，前胸背板具红褐色刻点，后缘红褐色，小盾片均布红褐色刻点，前翅基部具长黑斑，侧接缘具黑色斑。

红足壮异蝽 *Urochela quadrinotata* (Reuter, 1881)

体长约 15 mm。体赭色，触角末 2 节基部浅色，前翅革片具 2 个前后分布的黑色圆斑，腹背板侧部双色，足红褐色。多见于山顶处群集。

蠊形娇异蝽

红足壮异蝽

脉翅目 Neuroptera

粉蛉科 Coniopterygidae

重粉蛉 *Semidalis* sp.

体长约 2 mm。体披白粉，触角深色，前翅长是宽的 2 倍，翅脉简单，无翅痣，前翅的 m–cu 横脉斜向连在 M 的分叉处。

重粉蛉

草蛉科 Chrysopidae

大草蛉
Chrysopa pallens (Rambur, 1838)

体长约 12 mm。体绿色，头部及背中线两侧黄色，面部具黑斑，雄性第 8 和第 9 腹板分开。

大草蛉

曲叉草蛉
Apertochrysa flexuosa (Yang & Yang, 1990)

体长约 10 mm。与大草蛉相似，但背面浅色，面部无黑斑，雄性第 8 和 9 节腹板愈合，腹部较粗短。

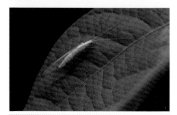

曲叉草蛉

褐蛉科 Hemerobiidae

点线脉褐蛉 *Micromus linearis* Hagen, 1858

体长约 6 mm。体浅灰色，翅脉分叉点处具深色斑点，因而翅脉呈黑白点线状，前翅基部横脉列之间无短横脉。

溪蛉科 Osmylidae

瑕溪蛉 *Spilosmylus* sp.

体长约 12 mm。体黄白色，触角基部 2 节黑色，胸部具成对黑斑，前翅后缘中部具 1 对深色瘤斑。

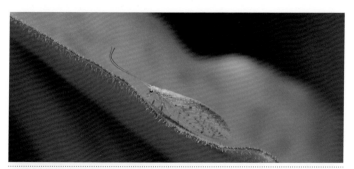

点线脉褐蛉

瑕溪蛉

蚁蛉科 Myrmeleontidae

白斑巴蚁蛉

Baliga asakurae (Okamoto, 1910)

体长约 34 mm。体背深色，腹面浅色，翅较宽，无斑，翅痣发达，白色，前缘具 1 段 2 排小室。曾有被作为哈蚁蛉属 *Hagenomyia* 的记录。

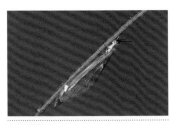

白斑巴蚁蛉

狭翅玛蝶角蛉

Maezous umbrosus (Esben-Petersen, 1913)

体长约 40 mm。体黑褐色，触角深色，端部黄色，胸腹部具黄斑，雄性腹部细长，明显长于翅端，雌性粗短，短于翅端。

狭翅玛蝶角蛉

台斑苏蝶角蛉

台斑苏蝶角蛉
Suphalomitus formosanus Esben-Petersen, 1913

雄性体长约 40 mm，雌性约 35 mm。体褐色，触角全部深色，胸部具定界模糊的黄色斑纹，腹部两侧具黄色斑块，雄性腹部略长于翅端。

螳蛉科 Mantispidae

眉斑简脉螳蛉
Necyla shirozui (Nakahara, 1961)

体长约 14 mm。体黄色，头顶具黑眉斑，前胸背面深色，膨大部具 1 对黄色钩斑，中后胸和腹部具黑斑，前足腿节内侧仅端半部黑色，翅痣与翅前缘色边连成一体，斑纹常有变化。

眉斑简脉螳蛉

黄基简脉螳蛉
Necyla flavacoxa (Yang, 1999)

体长 10~17 mm。相比于眉斑简脉螳蛉，本种前胸背面色浅，胸部中线具深色纵带，前足腿节内侧几乎全部黑色。曾被归于东螳蛉属 *Orientispa*。捕食性，趋光。

黄基简脉螳蛉

广翅目 Megaloptera

齿蛉科 Corydalidae

越中巨齿蛉

Acanthacorydalis fruhstorferi van der Weele, 1907

雄性体长约 100 mm，雌性约 70 mm。体黑褐色，翅褐色半透明，翅脉及附近区域黑色。雄性上颚发达，雌性则较小。同地分布的单斑巨齿蛉 *A. unimaculata* 头和前胸具明显黄斑。

越中巨齿蛉

东方齿蛉 *Neoneuromus orientalis* Liu & Yang, 2004

雄性体长约 40 mm，雌性约 55 mm。体黄褐色，头部复眼后至前胸两侧具黑带，有时头顶也为黑色，翅较透明，横脉附近具褐斑，足股节黑褐色。

东方齿蛉

普通齿蛉 Neoneuromus ignobilis Navás, 1932

雄性体长约 40 mm, 雌性约 60 mm。与东方齿蛉近似, 但足股节腹面黄色, 翅端半部颜色较基半部深。

炎黄星齿蛉 Protohermes xanthodes Navás, 1913

雄性体长约 34 mm, 雌性约 46 mm。体黄色, 头部两侧具小黑斑, 前胸背板两侧具 2 对黑斑, 翅带淡褐色, 具黄斑, 部分翅脉亮黄色。

中华斑鱼蛉 Neochauliodes sinensis (Walker, 1853)

体长约 30 mm。头褐色, 其余身体红褐色, 间有深色斑, 翅透明具黑斑, 中部黑色横带较长。同地分布的台湾斑鱼蛉 N. formosanus 头和前胸橙色无斑, 前翅褐斑分散为密集的点状。

普通齿蛉

炎黄星齿蛉

中华斑鱼蛉

布氏准鱼蛉 *Parachauliodes buchi* Navás, 1924

雄性体长约30 mm，雌性约40 mm。体褐色，翅基黄色，翅褐色，部分翅脉白色，雄性触角短栉状。

布氏准鱼蛉

灰翅栉鱼蛉
Ctenchauliodes griseus Yang & Yang, 1992

体长约35 mm。头部橙色，但额深色，胸部褐色，翅浅褐色，腹部褐色，触角长栉状。

灰翅栉鱼蛉

泥蛉科 Sialidae

中华泥蛉
Sialis sinensis Banks, 1940

体长约11 mm。体黑色，头部粗短，无单眼，足第4跗节近二叶状。见于林间溪流附近。

中华泥蛉

蛇蛉目 Raphidioptera

盲蛇蛉科 Inocelliidae

阿氏盲蛇蛉 *Inocellia aspouckorum* Yang, 1999

　　体长约 15 mm，雄性较小。体黑色，中后胸背板和腹背板具黄斑，无单眼，雌性具长产卵器。同属的中华盲蛇蛉 *I. sinensis* 较小，黄斑明显较窄。

阿氏盲蛇蛉

长翅目 Mecoptera

蝎蛉科 Panorpidae

黄蝎蛉

Panorpa lutea Carpenter, 1945

前翅长约 15 mm。体浓黄色，头和胸部背面黑褐色，中后胸背板基色较浅，腹部基部背板深褐色向后逐渐过渡至橙色，翅蜡黄色，具黑色斑带，基支和端支等宽。本种与同地

黄蝎蛉

分布的四带蝎蛉 *P. tetrazonia* 相似，但后者体背色较浅，翅黄色较浅，翅斑带的基支宽于端支。多见于溪流附近林间。

天目山新蝎蛉 *Neopanorpa tienmushana* Cheng, 1957

前翅长约 14 mm。体黄色，自头背向后至胸部背面具 1 条狭窄的黑褐色中纵带，翅黄色，具黑色斑带，基支宽而端支窄。新蝎蛉前翅翅 1A 脉短于 R 分支起点与蝎蛉区分。本种仅记录于浙江天目山，同地分布的同属其他物种翅均非黄色。

天目山新蝎蛉

鞘翅目 Coleoptera

圆鞘隐盾豉甲

王氏毛豉甲

毛宽缘龙虱

豉甲科 Gyrinidae

圆鞘隐盾豉甲

Dineutus mellyi Regimbart, 1882

体长约 18 mm。体铜色，体型宽胖，鞘翅无刻点列，小盾片不可见。同地还分布有东方隐盾豉甲 *D. orientalis*，该种体小，前胸背板和鞘翅侧缘具黄色纵带，鞘翅末端具刺。水面打转活动。

王氏毛豉甲

Orectochilus wangi Mazzoldi, 1998

体长约 7 mm。体黑色具光泽，小盾片可见，前胸背板和鞘翅仅侧缘具毛。同地还分布有全毛豉甲 *O. fusiformis*，该种体小，体背完全被毛。

龙虱科 Dytiscidae

毛宽缘龙虱

Platambus fimbriatus Sharp, 1884

体长约 6 mm。体褐色，鞘翅具黄色斑纹，基部黄色横斑向后三齿状，肩部向后具波曲的长条状黄斑，雄性前中足跗节膨大。同地还有较多其他同属种类，水生甲虫。

虎甲科 Cicindelidae

芽斑虎甲 *Cicindela gemmata* Faldermann, 1835

体长约 16 mm。体紫铜色，腹面和足带蓝绿色，鞘翅近外侧具 3 对黄斑，鞘翅末具 1 对弧形黄纹。地面活动，捕食性。

中华虎甲指名亚种 *Sophiodela chinensis chinensis* (DeGeer, 1774)

体长约 20 mm。体具强烈金属光泽，头蓝绿色，前胸中域大部紫红色，鞘翅蓝色，中缝、基部、侧缘等具金红色带，并具 3 个白斑，中间的白斑横长。成虫活动季节较早。

芽斑虎甲

中华虎甲指名亚种

离斑虎甲

离斑虎甲
Cosmodela separata (Fleutiaux, 1894)

体长约 15 mm。头胸红铜色，部分区域蓝绿色，鞘翅蓝黑色，基部、缝缘、侧缘多少红铜色，鞘翅各具 5 个白斑，中后部 2 个白斑有时以细丝相连。

叶虎甲 *Neocollyris* sp.

体长约 14 mm，雄性较小。体头胸金属蓝色，鞘翅金属绿色，足腿节深色。近似种类较多，树栖类群，幼虫于枯枝上掘洞狩猎。

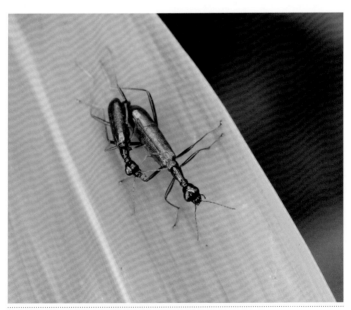

叶虎甲

步甲科 Carabidae

硕步甲 *Carabus davidis* Deyrolle & Fairmaire, 1878

体长 34~45 mm。头和前胸背板蓝紫色，鞘翅愈合具强烈黄绿金属色，除中缝外各具 4 条向后的纵脊，纵脊之间具纵向瘤突列，后缘三波状。偏向具较好落叶层的生境，捕食性。成虫受惊时尾部会喷射腐蚀性防御液。国家二级保护动物。

硕步甲

拉步甲 *Carabus lafossei* Feisthamel, 1845

体长 34~50 mm。体具强烈金绿色金属光泽, 头和前胸背板多带红色, 鞘翅愈合, 具 6 行大瘤突, 鞘翅末尖锐突出。较同地分布的疑步甲体型更大, 金属光泽更强, 鞘翅瘤突更狭长。偏向于林缘具暴露土壤的生境, 喜食蜗牛。国家二级保护动物。

黄足隘步甲 *Archipatrobus flavipes* (Motschulsky, 1864)

体长约 14 mm。体黑色, 足棕黄色, 口须末节与亚末节约等长, 鞘翅具 8 条沟, 沟内具刻点。

拉步甲

黄足隘步甲

蕈步甲

Lioptera erotyloides Bates, 1883

体长约 12 mm。体黑色，鞘翅基部和亚端部具 2 对红色斑纹，体型较宽扁，前胸背板横宽，腹末外露。在树木伤口流汁处可见。

蕈步甲

八星光鞘步甲 *Lebidia octoguttata* Morawitz, 1862

体长约 11 mm。体黄色，鞘翅各具 4 个白色圆斑，体宽扁，鞘翅光滑无条沟，末端平截，腹末端露出。树栖类群。

八星光鞘步甲

闽丽步甲

Calleida fukiensis Jedlička, 1963

体长约 9 mm。体红褐色，鞘翅具明显金属绿光泽，足黄褐色，膝部深色，鞘翅具明显条沟，后缘平截，腹末露出。多见于灌丛。

闽丽步甲

四斑长唇步甲

四斑长唇步甲

Dolichoctis rotundata (Schmidt-Goebel, 1846)

体长约 6.5 mm。体黑褐色，各鞘翅亚基部和亚端部各具 1 个黄色圆斑，鞘翅具明显条沟。多见于朽木。

铜绿婪步甲 *Harpalus chalcentus* Bates, 1873

体长约 14 mm。体黑色，具青铜至黄铜色光泽，头部和前胸背板中域无刻点，鞘翅条沟内刻点不明显。本种可通过色泽和足跗节无毛与同属其他种类区分。

掣爪泥甲科 Eulichadidae

达氏掣爪泥甲 *Eulichas dudgeoni* Jäch, 1995

雌性体长约 28 mm，雄性约 22 mm。体黑褐色，密布黄毛，体型似叩甲科，但明显较厚，腹面无叩器。多见于林间溪流附近，幼虫水生，成虫具趋光性。

铜绿婪步甲

达氏掣爪泥甲

吉丁科 Buprestidae

桃金吉丁 *Chrysochroa fulgidissima* (Schönherr 1817)

体长约 28 mm。体具强烈金绿色金属光泽，前胸背板和鞘翅两侧各具 1 条紫红色纵带，小盾片不可见，鞘翅末具齿。

桃金吉丁

麻点纹吉丁 *Coraebus leucospilotus* Bourgoin, 1922

　　体长约 11 mm。体黑色，头、前胸、鞘翅中缝和肩部具较明显紫铜光泽，头顶内凹具白毛斑，前胸背板两侧具白毛斑，鞘翅具多枚白色毛斑。

拟窄纹吉丁 *Coraebus acutus* Thomson, 1879

　　体长约 8.5 mm。体黑褐色，具蓝色金属光泽，前胸背板具 3 条向后的白毛斑带，鞘翅具较多白毛斑带，近端部 2 条白带连接缝缘和侧缘，翅末内外侧各具 1 刺。

麻点纹吉丁

拟窄纹吉丁

朴树窄吉丁 *Agrilus discalis* Saunders, 1873

体长约 6.5 mm。体黑褐色带紫铜色光泽, 鞘翅翅面具明显的铜色无毛斑块, 中后部斑块尤其大, 合为近三角状, 前胸背板具双弧形上隆线。

蓝翅角吉丁 *Habroloma lewisii* (Saunders, 1873)

体长约 3 mm。头黄铜色, 前胸黄铜色间有白色毛斑, 鞘翅蓝黑色, 中缝两侧及后部黄铜色, 并各具 1 条长的弧形白毛带和 1 条短的亚端部白毛横带。

叩甲科 Elateridae

朱肩丽叩甲 *Campsosternus gemma* (Candéze, 1857)

体长约 36 mm。头和前胸金属蓝绿色, 鞘翅金绿色, 前胸背板两侧具红色斑。可见其吸食树汁。

朴树窄吉丁 　　　　　　　　　　　　　蓝翅角吉丁

朱肩丽叩甲

丽叩甲 *Campsosternus auratus* (Drury, 1773)

体长约 40 mm。体多具绿色金属光泽，亦有具铜色光泽甚至黑色个体。日行性，多见于地表。

丽叩甲

木棉梳角叩甲

Pectocera fortunei Candèze, 1873

体长约 25 mm。体褐色，密布黄毛，体型较狭长，鞘翅具 9 条纵纹，雄性触角栉齿状，雌性锯齿状。灯下可见。

木棉梳角叩甲

眼纹斑叩甲

Cryptalaus larvatus (Candèze, 1874)

体长约 27 mm。体灰褐色，被灰白色鳞片状短毛，头部、前胸背板后缘、小盾片附近毛黄色，前胸背板中域具 1 对黑点，鞘翅中部外侧各具 1 个黑褐色纵斑。

眼纹斑叩甲

红缘盗隐翅虫

隐翅虫科 Staphylinidae

红缘盗隐翅虫
Lesteva erythra Ma & Li, 2012

体长约 3.5 mm。体黑色，附肢红褐色，鞘翅具 1 对到达侧缘的红色斜斑，头部具 1 对假单眼，下颚须次末节粗短。在溪流边苔藓中活动。

光地隐翅虫 *Geodromicus lucidus* Shaprin, 2013

体长约 5 mm。体金属蓝色，前胸背板中部具 1 个凹坑，两侧还各具 1 个凹坑，体较宽扁，头部具 1 对假单眼。在溪流边苔藓中活动。

光地隐翅虫

吴氏出尾蕈甲

Scaphidium wuyongxiangi He, Tang & Li, 2008

体长约 7 mm。体黑色，鞘翅亚基部和亚端部各具 1 枚黄色横斑，雄性后胸腹板具长毛，前足胫节和腿节发达具性特征。取食朽木上的多孔菌。

天目长角蚁甲

Pselaphodes tianmuensis Yin, Li & Zhao, 2010

体长约 3 mm。体黄褐色，头部具 2 个顶窝和 1 个额窝，触角细长无性特征，下颚须末 3 节不对称，鞘翅短。活动于落叶层。

吴氏出尾蕈甲

天目长角蚁甲

斑氏束毛隐翅虫 *Dianous banghaasi* Bernhauer, 1916

体长约 6 mm。体黑色，具明显金属蓝光泽，鞘翅具到达外侧的橙色斑点，第 9 腹板具 1 对较明显的毛束。活动于溪流边石块上。

斑氏束毛隐翅虫

多刺毒隐翅虫 *Paederus describendus* Willers, 2001

体长约 10 mm。头、鞘翅、腹末黑色带弱金属光泽，其余红色，下颚须末节小疣突状，鞘翅基部缢缩，无后翅。浙江天目山高海拔特有。

多刺毒隐翅虫

腹斑颊脊隐翅虫 *Quedius aereipennis* Bernhauer, 1929

体长约 7 mm。体黑色，带铜色光泽，附肢浅色，复眼几乎占据头侧，前胸背板向内翻折，边缘成薄片状，腹背板两侧具浅色毛斑。

腹斑颊脊隐翅虫

中华突颊隐翅虫 *Naddia chinensis* Bernhauer, 1929

　　体长 18 mm。体黑色，鞘翅具红色密绒毛，腹背板基部两侧和第 7 背板基半部具黄色毛斑，复眼圆突，头后颊向后突。模拟蜂类的捕食性种类。

亚氏丧葬甲 *Necrophila jakowlewi* (A. Semenov, 1891)

　　体长约 17 mm。体黑色带蓝色光泽，扁平，鞘翅具 3 条肋，雄性翅末端较圆，雌性翅末端突起较尖。同属较常见的红胸丽葬甲 *N. brunnicollis* 体型较大，前胸橙色。

中华突颊隐翅虫

亚氏丧葬甲

阎甲科 Histeridae

荸圆臀阎甲

Notodoma fungorum Lewis, 1884

体长约 4 mm。体棕红色,光亮,鞘翅基部具黄斑。菌食性,见于朽木真菌上。

荸圆臀阎甲

牙甲科 Hydrophilidae

五斑陆牙甲

Sphaeridium quinquemaculatum Fabricius, 1798

体长约 5 mm。体黑色,前胸背板前角和侧缘黄色,鞘翅基中部向后具 2 个黄斑,鞘翅后半部沿边缘具 U 字形黄边,触角短,末 2 节膨大。在牛粪中生活。

五斑陆牙甲

斯图陷口牙甲

Coelostoma sulcatum Pu, 1963

体长约 5 mm。体黑色，半球形隆起，触角细长，末 3 节松散，体背刻点密，后足跗节第 1 节明显长于第 2 节。见于水体或附近潮湿地面，具一定趋光性。

锹甲科 Lucanidae

葫芦锹 *Nigidionus parryi* (Bates, 1866)

体长 25~34 mm。体黑色，具光泽，上颚短，无背齿及内齿，前胸背板侧缘前方具扁平耳突，鞘翅具深纵沟。雌雄相似。见于海拔 700 m 左右及以上。

斯图陷口牙甲

葫芦锹

方胸肥角锹 *Aegus laevicollis* Saunders, 1854

雄性体长 13~29 mm，雌性 13~18 mm。体黑色，雄性上颚长而弯曲，基部具 1 齿突，大个体中部具 1 背齿，雌性上颚短小。常躲藏于树洞中，取食发酵树汁。

方胸肥角锹

华东阿锹 *Aulacostethus tianmuxing* Huang & Chen, 2013

俗称天目之星。雄性体长 24~52 mm，雌性 24~33 mm。体黑色，雄性上颚长，基部具 1 齿或 2 齿，大个体基齿明显，头部侧缘及前胸背板前缘密布大刻点。雌性上颚短小，头侧缘无显著大刻点。多见于浙江天目山海拔 800 m 及以上。

华东阿锹

尖腹扁锹指名亚种
Serrognathus consentaneus consentaneus (Albers, 1886)

俗称细齿扁锹。雄性体长29~56 mm，雌性19~27 mm。与扁锹近似，但雄性腹部第5节末端尖突，上颚圆弧形，雌性前足胫节端部内侧较弯，端毛较长。低海拔分布。

尖腹扁锹指名亚种

狭长前锹 *Epidorcus gracilis* (Saunders, 1854)

体长22~52 mm，雌性较小。体红褐色，雄性上颚细长，中前部内侧具1个大齿，大齿前后具小齿，前胸背板后侧角刺突状，雌性上颚短小。

狭长前锹

毛角大锹指名亚种 *Dorcus hirticornis hirticornis* (Jakowlew, 1897)

雄性体长 25~60 mm，雌性 23~31 mm。体黑色，雄性上颚发达，内缘腹面基半部密布黄毛，小型雄性和雌性鞘翅具沟和粗大刻点列。

红腿刀锹甲指名亚种 *Dorcus rubrofemoratus rubrofemoratus* Snellen van Vollenhoven, 1865

雄性体长 30~45 mm，雌性约 32 mm。体黑色，中、后胸腹面及六足胫节深红色。雄性上颚长，主内齿明显，大个体主内齿以上具 2~3 枚小内齿，雌性上颚短小。见于海拔 700 m 左右及以上山地。

毛角大锹指名亚种

红腿刀锹甲指名亚种

孔夫子锯锹

孔夫子锯锹

Prosopocoilus confucius (Hope, 1842)

雄性体长 55~105 mm，雌性 36~40 mm。体黑色，雄性上颚极长，基齿对称，主内齿以上具多枚小内齿，前胸背板前后角刺突状，雌性上颚短小。同地还有圆翅锯锹甲 *P. forficula*，雄性基齿不对称，前胸无刺突。

扁齿奥锹

扁齿奥锹

Odontolabis platynota (Hope, 1845)

雄性体长 35~41 mm，雌性约 33 mm。体黑色，雄性上颚较长，基齿宽扁延长，端部具数枚内齿，眼缘发达，眼后具凸起，前胸背板侧缘后方具扁平刺突，雌性上颚短小。同属的中华奥锹 *O. sinensis* 体型大，鞘翅具红边。

泥圆翅锹指名亚种

泥圆翅锹指名亚种

Neolucanus nitidus nitidus (Saunders, 1854)

体长约 42 mm。体黑色，具光泽，雄性上颚较短，侧观端部上翘且具 1 背齿，雌性上颚较雄性短，无背齿。同属的中华圆翅锹 *N. sinicus* 稍小，偏褐色，体表磨砂质，发生季节稍早。

幸运深山锹

Lucanus fortunei (Saunders, 1854)

雄性体长 27~52 mm，雌性 24~32 mm。体红褐色，雄性头部特化加宽，背面平，前、侧缘具棱，上颚发达，雌性上颚短小。同属的派瑞深山锹指名亚种 *L. parryi parryi* 鞘翅中域黄色。

幸运深山锹

粪金龟科 Geotrupidae

武粪金龟 *Enoplotrupes* sp.

体长 22~30 mm。体黑色，雄性头顶具角突，前胸背板二叉状角突，雌性仅头部具小角突。据浙江《天目山动物志》可能为华武粪金龟 *E. sinensis*。

武粪金龟

绒毛金龟科 Glaphyridae

科长角绒毛金龟 *Amphicoma corinthia* (Fairmaire, 1891)

体长约 11 mm。体具黄铜金属光泽，被发达的毛，尤其鞘翅，触角 10 节，足，尤其是后足，细长。多见于花上。

科长角绒毛金龟

金龟科 Scarabaeidae

蒙瘤犀金龟 *Trichogomphus mongol* Arrow, 1908

体长 32~52 mm。体黑色，粗壮，雄性头部具发达弯曲的角突，前胸背板后部具隆起二分叉的瘤突，侧前各具 1 个小齿突。树根附近掘洞，具趋光性。

红斑花金龟 *Periphanesthes aurora* (Motschulsky, 1858)

体长约 17 mm。体红褐色，头部橙红色，前胸背板中线和侧缘具橙红色斑，小盾片橙红色，鞘翅具 2 对红斑，足具红斑。

中华跗花金龟 *Clinterocera sinensis* Xu & Qiu, 2018

体长约 19 mm。体黑色，鞘翅侧缘和后半部黄色，触角柄节扩大呈三角状，足跗节，尤其前足跗节，短小。生活于菱胸切叶蚁集中。

蒙瘤犀金龟

红斑花金龟

中华跗花金龟

长毛肋花金龟

Parapilinurgus inexpectatus Krajčik, 2010

体长约 11 mm。体黑褐色至黄褐色，被毛，鞘翅具浅色绒层形成的小斑，鞘翅肩部突出，侧缘内陷。吸食树汁，有时也见于路灯下。

长毛肋花金龟

沥斑鳞花金龟

Cosmiomorpha decliva Janson, 1890

体长约 18 mm。体黄棕色，前胸背板中域具 1 块到达后缘的大黑斑，小盾片黑色，鞘翅缝黑色，鞘翅表面具短鳞毛，雄性前足跗节较雌性长。

沥斑鳞花金龟

丽罗花金龟指名亚种 *Rhomborhina resplendens resplendens* Swartz, 1817

体长约 30 mm。体绿色，具强烈光泽，小盾片周围黑色。紫色的紫罗花金龟 *R. gestroi* 长江三角洲地区亦较常见。

丽罗花金龟指名亚种

阳彩臂金龟 *Cheirotonus jansoni* Jordan, 1898

体长 60~80 mm。头和前胸背板金属绿色，鞘翅黑褐色具不规则黄色斑纹，前胸背板侧缘和后缘具较浓密黄色绒毛，雄性前足胫节特化延长。国家二级保护动物。

阳彩臂金龟

筛阿鳃金龟 *Apogonia cribricollis* Burmeister, 1855

体长约 10 mm。体黑色，具铜色或绿色金属光泽，触角黄色，背部光滑几乎无毛，鞘翅密布刻点，具隐约的 2 条隆脊。

棉花弧丽金龟 *Popillia mutans* Newman, 1838

体长约 12 mm。体具强烈蓝色金属光泽，前胸背板后缘中部内弯，鞘翅基部收狭。同地还分布同属其他物种，但臀板均具毛斑。日行性，访花。

筛阿鳃金龟

棉花弧丽金龟

蓝边矛丽金龟 *Callistethus plagiicollis* (Fairmaire, 1886)

体长约 14 mm。体橙色，前胸背板侧缘暗蓝色，腹面和足暗褐色，前胸背板光亮，具微小的刻点，中胸腹板具发达的前伸腹突，鞘翅具刻点列。

拟步甲科 Tenebrionidae

毛伪叶甲 *Lagria oharai* Masumoto, 1988

体长约 10 mm。体黄褐色，鞘翅稍浅色，触角和足深色，体密布刻点，被长毛，鞘翅刻点不呈列，多少横向融合。

蓝边矛丽金龟

毛伪叶甲

红背宽膜伪叶甲 *Arthromacra rubidorsalis* Chen & Yang, 1997

体长约 10 mm。体具强烈金属紫色，足黑色，触角端节甚长，上唇和唇基具宽的膜，鞘翅具不太规则的刻点列。多见于花上。

弗氏长足朽木甲 *Upinella frankenbergeri* (Mařan, 1940)

体长约 13 mm。体黑褐色，触角和跗节浅色，前胸背板大刻点之间无明显毛和微刻点，触角末 3 节每一节均短于触角第 3、第 4 节。

独角舌甲 *Derispiola unicornis* Kaszab, 1946

体长约 3 mm。体黑色，具弱金属光泽，鞘翅基部内侧具黄斑，体型半球形。多见于长苔藓的石板或树干上。

红背宽膜伪叶甲

弗氏长足朽木甲

独角舌甲

瘤翅异土甲 *Heterotarsus pustulifer* Fairmaire,1889

体长约 10 mm。体黑色，鞘翅具沟，沟间隆起具明显瘤突。同地还分布有不具瘤突的隆线异土甲 *H. carinula*。地表活动。

瘤翅异土甲

光滑齿甲 *Uloma polita* (Wiedemann, 1821)

体长约 12 mm。体黑色，较光亮，前足胫节向端部变宽，外侧具齿，鞘翅具沟，雄性前胸背板无凹入可区别同属其他种。多见于朽木上。

光滑齿甲

油光邻烁甲 *Plesiophthalmus pieli* Pic, 1937

体长约 16 mm。体黑色，较光亮，足腿节中部具橙黄色斑带，颇具辨识度。多见于树干上。

弯背树甲 *Strongylium gibbosulum* Fairmaire, 1891

体长约 15 mm。体黑色具蓝色光泽，体被密毛，尤其以鞘翅上的最长。多见于树干上。

油光邻烁甲

弯背树甲

沟翅彩轴甲 *Falsocamaria imperialis* (Fairmaire, 1903)

　　体长约 30 mm。体具强烈金属光泽，绿色为主，间有紫色，鞘翅具沟，沟内具小刻点。

斑足幽轴甲 *Scotaeus focalis* Gebien, 1935

　　体长约 24 mm。体黑色，较光亮，足黄色，膝部和跗节黑色，前胸背板沿中线凹入，鞘翅具刻点列。

沟翅彩轴甲

斑足幽轴甲

浙北壑轴甲

Hexarhopalus sculpticollis Fairmaire, 1891

体长约 17 mm。体黑色，头部和前胸背板密布小刻点，前胸背板中线凹入，鞘翅刻点粗大，多少相互愈合，呈纵列状，足腿节肿大。

浙北壑轴甲

幽甲科 Zopheridae

粒突小坚甲

Microprius opacus (Sharp, 1885)

体长约 2.5 mm。触角 11 节，末 2 节膨大，头下具长触角沟，体扁平，两侧平行，跗节 4 - 4 - 4。见于朽木。

粒突小坚甲

小蕈甲科 Mycetophagidae

粗角蕈甲 *Mycetophagus antennatus* (Reitter，1879)

体长约 3 mm。体黑色，触角末节橙色，鞘翅具 3 对橙斑，触角粗壮，触角棒明显，前胸背板基部具 1 对明显的凹坑。菌食性，见于朽木。

粗角蕈甲

芫菁科 Meloidae

短翅豆芫菁 *Epicauta aptera* Kaszab，1952

体长约 13 mm。体黑色，头部全部橘红色，后翅至多与鞘翅等长，可与其他近似种区分。

短翅豆芫菁

毛背沟芫菁 *Hyclerus dorsetifeus* Pan, Ren & Wang, 2011

体长约 30 mm。体黑色，鞘翅基部具黄斑，之后具 2 条横贯的黄带，黄带上被黄毛可与其他近似种类区分。

拟天牛科 Oedemeridae

灰绿拟天牛 *Oedemera centrochinensis* Švihla, 1999

体长约 8 mm。体较暗的金属蓝绿或金属黄绿色，足黄色，腹部端节黄色，雄性腿节膨大。

毛背沟芫菁

灰绿拟天牛

赤翅甲科 Pyrochroidae

颜脊伪赤翅甲

Pseudopyrochroa facialis (Fairmaire, 1891)

体长约 9 mm。体密布红色绒毛，附肢黑色，鞘翅外扩具不明显纵脊，跗节 5 - 5 - 4，雄性触角栉状，图中个体为雌性。

颜脊伪赤翅甲

细花萤科 Prionoceridae

黄嘴伊细花萤 *Idgia flavirostris* Pascoe, 1860

体长约 14 mm。体黄色，头部除口器黑褐色，鞘翅黑褐色，触角端部大部、足胫节跗节深色，体细长柔软，跗节 5 - 5 - 5。长江三角洲地区为其分布北限。

黄嘴伊细花萤

拟花萤科 Malachiidae

肿角拟花萤 *Intybia* sp.

体长约 3.5 mm。体黑色，被毛，鞘翅中前部具 1 对接于中缝的橙斑，雄性触角第 1 和第 3 节特化，图中个体为雌性。本种可能为上海有记载的斜斑肿角拟花萤 *I. histrio* (Kiesenwetter, 1874)。

肿角拟花萤

大蕈甲科 Erotylidae

间色毒拟叩甲 *Paederolanguria holdhausi* Mader, 1939

体长约 9 mm。拟态毒隐翅虫,体色黑、红、黑、红、黑色相间,黑色部带蓝色光泽,鞘翅末突出,分离。隔华拟叩甲 *Sinolanguria alternata* 为其异名。

黄带艾蕈甲 *Episcapha flavofasciata* (Reitter, 1879)

体长约 15 mm。体黑色,鞘翅具 2 对橙色斑纹,基部斑纹较大,内部包围 2 个完整的黑点,体背具密刻点,无毛,跗节 5-5-5。

间色毒拟叩甲

黄带艾蕈甲

蜡斑甲科 Helotidae

柯氏蜡斑甲

Helota kolbei Ritsema, 1889

体长约 12 mm。体铜色，鞘翅具 4 块无刻点的黄斑，吸食树汁。同地亦较常见的新蜡斑甲属 *Neohelota* 物种体型较小，前胸背板无隆起的片区。

柯氏蜡斑甲

伪瓢甲科 Endomychidae

肩斑辛伪瓢虫

Sinocymbachus humerosus (Mader, 1938)

体长约 8.5 mm。体黑褐色，鞘翅各具 2 个突起的黄斑，肩部黄斑凸起尤为明显，前胸腹突末端分裂。

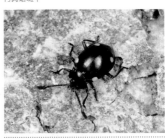

肩斑辛伪瓢虫

瘤伪瓢虫 *Ohtaius* sp.

体长约 8.5 mm。体黑色，各鞘翅具前后个 1 个浅黄色斑，前胸背板侧缘中部突出，鞘翅刻点粗大。图中个体摄于浙江天目山，外形与雾社瘤伪瓢虫 *O. mushanus* 一致，需通过标本查明种类。

瘤伪瓢虫

瓢虫科 Coccinellidae

菱斑食植瓢虫 *Epilachna insignis* Gorham, 1892

体长约 10 mm。体橘红色，前胸背板中域具黑斑，鞘翅各具 7 个黑斑，中部中缝处黑斑分离或相互愈合。

茄二十八星瓢虫 *Henosepilachna vigintioctopunctata* (Fabricius, 1775)

体长约 6 mm。体橙红色，通常具 28 枚黑斑，但斑的数量有个体变异。与马铃薯瓢虫 *H. vigintioctomaculata* 相似，但本种鞘翅第 2 列黑斑几乎在一条直线上。

菱斑食植瓢虫

茄二十八星瓢虫

红颈瓢虫 *Synona consanguinea* Poorani, Slipinski & Booth, 2008

体长约 5 mm。体黑色，头部、前胸和足红色，*Synona* 为 *Synia* 替换名（重名）。

红颈瓢虫

露尾甲科 Nitidulidae

油菜露尾甲 *Xenostrongylus variegatus* Fairmaire, 1891

体长约 2.5 mm。体黑褐色，被不同色泽的毛，前胸前部和中域深色，鞘翅外侧缘具 1 个较大的黑斑，缝缘和亚端部斑驳。取食十字花科植物。

油菜露尾甲

丽距甲

距甲科 Megalopodidae

丽距甲
Poecilomorpha pretiosa (Reineck, 1923)

体长约 8 mm。体黄色，头背面和前胸背面沿中线具黑斑，黑斑大小有变异，鞘翅金属蓝色，腿节膨大，雄性腿节下方具刺。

暗天牛科 Vesperidae

狭胸天牛
Philus antennatus (Gyllenhal, 1817)

体长约 25 mm。体褐色，被黄色短毛，体狭长，鞘翅具弱纵脊，雄性触角略呈锯齿状。

狭胸天牛

瘦天牛科 Disteniidae

东方瘦天牛 *Distenia orientalis* Bi & Lin, 2013

体长约 22 mm。体黑褐色，雄性多带锈红色，多数触角节双色，胫节基部红棕色，前胸背板具横向皱纹，鞘翅刻点列较不明显，近缝缘的刻点稀疏。

天牛科 Cerambycidae

椎天牛 *Spondylis buprestoides* (Linnaeus, 1758)

体长约 20 mm。体黑色，体型粗壮，触角短，向后仅达前胸中后部，前胸背板前后缘具金毛，鞘翅具 2 条隆脊。寄主为多种针叶树。

东方瘦天牛

椎天牛

蚤瘦花天牛 *Strangalia fortunei* (Pascoe, 1858)

体长约 13 mm。体橙红色，触角、鞘翅大部、腹末、足除腿节基部黑色，体型窄瘦而向背面拱起，腹末露出鞘翅。多见于花上。

蚤瘦花天牛

长跗天牛 *Prothema signata* Pascoe, 1856

体长约 13 mm。体黑色，雄性鞘翅无斑，雌性鞘翅小盾片后沿中缝具 1 个纵黄斑，后中部具 1 个横向黄斑。

黑头脊虎天牛 *Xylotrechus latefasciatus* Pic, 1936

体长约 18 mm。体黑色，前胸背板前缘具黄毛，鞘翅中域具黄毛组成的细横线以及之后的宽横带。

长跗天牛

黑头脊虎天牛

脊胸天牛 *Rhytidodera bowringii* White, 1853

体长约 30 mm。体褐色，体背具黄色绒毛组成的黄斑，鞘翅黄斑大致呈 5 列，腹面毛灰白色，前胸背板具 19 条隆脊。

印度半鞘天牛 *Merionoeda indica* Hope, 1831

体长约 9 mm。体黑色被灰色毛，鞘翅短于腹部而可见后翅，端部尖狭分开，腿节端部肥大，尤其是后足。多见于花上。

油茶红天牛 *Erythrus blairi* Gressitt, 1939

体长约 15 mm。体红色，头部、触角、足黑色，前胸背板具 1 对黑点，体狭长，触角较宽扁。寄主为油茶等。

脊胸天牛

印度半鞘天牛

油茶红天牛

四川毡天牛 *Thylactus analis* Franz, 1954

体长约 32 mm。体黑褐色，被黄褐色、深褐色等不同颜色的厚密粗毛，组成纵条纹，足较短。

四川毡天牛

黄荆亚重突天牛

Tetraophthalmus violaceipennis
Thomson, 1857

体长约 15 mm。体浅红色，触角、足除腿节、鞘翅金属蓝紫色，体较粗短，复眼被触角分隔为上下两叶。

黄荆亚重突天牛

二斑筒天牛

Oberea binotaticollis Pic, 1915

体长约 17 mm。头部黑色至橙黄色，前胸背板橙黄色，鞘翅除小盾片周围黄褐色，其余灰褐色。

二斑筒天牛

斜斑并脊天牛 *Glenea acutoides obliqua* (Gressitt, 1939)

体长约 13 mm。体黑褐色，鞘翅略浅，体具黄色绒毛形成的纵纹，足黑色，鞘翅具明显纵脊，后侧角尖锐。

异斑象天牛 *Mesosa stictica* Blanchard, 1871

体长约 13 mm 体黑色，密布灰白细毛，间有黑色和橙色毛斑，前胸背板具 4 个卵形黑毛斑，黑毛斑两侧具橙色毛带。

斜斑并脊天牛

异斑象天牛

双斑锦天牛 *Acalolepta sublusca* (Thomson, 1857)

体长约 19 mm。体褐色，密布丝光绒毛，鞘翅大部绒毛浅色，鞘翅基部具黑褐色斑，中后部具黑褐色斜向宽带，鞘翅基部无瘤突。

双斑锦天牛

华草天牛 *Sinodorcadion punctulatum* Gressitt, 1939

体长约 8 mm。体红褐色至黑褐色，具灰色绒毛，前胸背板具刻点，中后足接近，后翅退化。见于地表和灌丛枯叶。

华草天牛

伛天牛
Meges gravidus (Pascoe, 1858)

体长约 40 mm。体黑色，具薄的黄色绒毛，鞘翅具散布的浅色斑，并在中部集成横带状，翅末端缝角具锐刺。曾归于墨天牛属 *Monochamus*。

伛天牛

眼斑齿胫天牛
Paraleprodera diophthalma (Pascoe, 1857)

体长约 23 mm。体被黄绒毛，眼后至鞘翅具黑色条带，鞘翅基部中央各具 1 个眼斑，中后部外侧具大黑斑，雄性胫节内侧具 1 个发达齿突。

眼斑齿胫天牛

粗粒巨瘤天牛 *Morimospasma tuberculatum* Breuning, 1939

体长约 15 mm。体黑褐色，被黄色绒毛，鞘翅后半部坡状部上侧各具 1 个黑色绒毛斑，前胸背板中央具隆起瘤突，鞘翅各具 3 列粗颗粒和较多不规则小颗粒，后翅退化。

叶甲科 Chrysomelidae

多齿水叶甲 *Donacia lenzi* Schönfeldt, 1888

体长约 7 mm。体具蓝绿金属或黄铜色光泽，前胸背板宽大于长，无大刻点，触角第 2 和第 3 节长度相似，雄性后足腿节腹面具明显中齿。

粗粒巨瘤天牛　　　　　　　　　　多齿水叶甲

密点角胫叶甲 *Gonioctena fortunei* Baly, 1864

体长约 6 mm。体橙红色,前胸背板具 2 枚黑斑,小盾片黑色,鞘翅各具 6 枚黑斑。

密点角胫叶甲

梨斑叶甲

梨斑叶甲

Paropsides soriculata (Swartz, 1808)

体长约 9 mm。体色类型颇多,黑色具橙斑、橙色具黑斑、全部橙色或黑色均有。寄主为梨属植物。

核桃扁叶甲 *Gastrolina depressa* Baly, 1859

体长约 6 mm。体型扁平，体蓝黑色，前胸背板橙黄色，鞘翅刻点粗大，多少成列。寄主为核桃和枫杨。

蓝翅瓢萤叶甲 *Oides bowringii* (Baly, 1863)

体长约 14 mm。体黄色，触角末 4 节黑色，鞘翅中域大部分为金属蓝色，跗节深色。寄主为五味子。

斑角拟守瓜 *Paridea angulicollis* (Motschulsky, 1854)

体长约 5 mm。头和前胸橙色，两鞘翅共具 3 枚黑斑，小盾片后缝缘处合并的黑斑较小。寄主为葫芦科植物。

核桃扁叶甲

蓝翅瓢萤叶甲

斑角拟守瓜

缝细角跳甲

缝细角跳甲
Sangariola fortunei (Baly, 1888)

体长约 6 mm。体红褐色,鞘翅除缝缘和侧缘颜色较红,前胸背板和鞘翅表面具细毛,前胸背板具较多凹沟,鞘翅中域和近侧缘具纵脊,刻点粗大。

丽九节跳甲

丽九节跳甲
Nonarthra pulchrum Chen, 1934

体长约 4 mm。头和触角黑色,前胸背板黄色,鞘翅黄色,肩部具小的深色斑,后中部具红褐色横带,鞘翅后缘深色,触角 9 节。

绿缘扁角叶甲
Platycorynus parryi Baly, 1864

体长约 8 mm。体具强烈金属光泽,前胸背板紫色,鞘翅蓝绿色,侧部紫色,前胸背板刻点较密,两侧刻点较大。寄主为女贞、络石等。

绿缘扁角叶甲

银纹毛叶甲 *Trichochrysea japana* (Motschulsky, 1857)

体长约 7 mm。体铜色，体表密布竖立的粗黑长毛，鞘翅后半部半竖立的白毛组成斜横纹，体表刻点粗密。

三色隐头叶甲 *Cryptocephalus crucipennis* Suffrian, 1854

体长约 5 mm。头黑色，前胸背板白色具黑斑，鞘翅具基部和亚端部 2 条横向黑带，缝缘和侧缘黑色，包围出黄色和白色斑块各 1 对，触角细长丝状，复眼内缘凹入，前胸背板后缘与鞘翅连接紧密。

银纹毛叶甲

三色隐头叶甲

黑盘锯龟甲 *Basiprionota whitei* (Boheman, 1856)

体长约 10 mm。体黄色，触角末 2 节黑色，前胸背板具 1 对黑斑，鞘翅具 1 对宽的黑带和 1 对后侧黑斑，头部外露，不为前胸背板遮盖。

中华丽甲 *Callispa fortunei* Baly, 1858

体长约 7 mm。体红色，鞘翅深蓝色具金属光泽，鞘翅具刻点列 11 行。寄主为竹。

长角象科 Anthribidae

宽长角象 *Sphinctotropis laxa* (Sharp, 1891)

体长约 6 mm。体黑色，具黄色、白色绒毛组成的毛斑，喙宽短，前胸背板刻点密集，鞘翅刻点列清晰。

黑盘锯龟甲

中华丽甲

宽长角象

黑纹长角象

Tropideres roelofsi (Lewis, 1879)

体长约 7 mm。体被灰色、白色、黑色绒毛组成斑纹，鞘翅中部具 2 枚到达外侧的大型黑斑。多见于朽木。

黑纹长角象

卷象科 Attelabidae

苹果卷叶象

Byctiscus princeps Solsky, 1872

体长约 6 mm。体具强烈金绿色金属光泽，并间有紫红色、蓝色等色泽，鞘翅基部和后部具 2 块紫斑，喙细长，端部具发达上颚。

苹果卷叶象

中国切叶象

Euops chinensis Voss, 1922

体长约 4 mm。体金属蓝色，头部带铜色，鞘翅具整齐的刻点列，雄性前足胫节长而弯。

中国切叶象

漆黑瘤卷象

Phymatapoderus latipennis (Jekel, 1860)

漆黑瘤卷象

体长约 8 mm。体黑色，触角和足黄色，但后足腿节大部深色，鞘翅中域缝缘两侧各具 1 个较大的瘤突，复眼间头顶隆起。

黑带细卷象 *Leptapoderus balteatus* (Roelofs, 1874)

体长约 8 mm。体黄褐色，复眼间和头侧略深色，前胸两侧黑色，鞘翅基部、外侧缘和中部具黑带，后足腿节端部褐色，头后部较延长。

黑带细卷象

斑卷象 *Paroplapoderus* sp.

体长约 9 mm。体黄色，头背具 3 个黑斑，前胸具 6 个黑斑，鞘翅具较多黑斑，后中部 2 个黑斑突起，中后足腿节中部具黑带。本种斑纹与 *P. pardalis* 一致。

紫背锐卷象 *Tomapoderus coeruleipennis* (Schilsky, 1903)

体长约 8 mm。头和前胸橙红色，触角黑色，鞘翅金属蓝色，足腿节橙红色，其余金属蓝黑色。

斑卷象

紫背锐卷象

中华短尖卷象

Paracycnotrachelus chinensis (Jekel, 1860)

体长约 10 mm，雌性较短。体红褐色，鞘翅具刻点列，雄性头后颈较长，颈部具环纹。栎长颈象 *P. longiceps* 为其异名。

中华短尖卷象

卷象 Anthribidae sp.

雄性体长约 20 mm，雌性约 11 mm。体红褐色，雄性头后极延长，前胸背板亦极度前伸，触角细长。目前尚不能确定其属种，国内 *Cycnotrachelus* 属种类雄性具类似的"长颈"。

卷象

松瘤象

象甲科 Curculionidae

松瘤象
Sipalinus gigas (Fabricius, 1775)

体长约 20 mm。体褐色，具深浅不一的斑点，喙长而下弯，前胸具粗大瘤突，鞘翅具黑褐色绒毛区。寄主为松柏等。

长斑象 *Diocalandra elongata* (Roelofs, 1875)

体长约 4 mm。体深褐色，鞘翅具 2 对黄斑，体型扁而细长，喙密布刻点列，前胸密布刻点，长筒状，中后部凹入，足胫节端部内刺发达。

长斑象

茶丽纹象 *Myllocerinus aurolineatus* Voss, 1937

体长约 6 mm。体深褐色，具黄绿色至蓝绿色鳞片而呈现为纵带状，触角中段浅色。

灌县癞象 *Episomus kwanhsiensis* Heller, 1923

体长约 8 mm。体灰白色，喙粗壮，前胸背板具明显皱纹，长江三角洲地区还分布有体型较大、鞘翅具较大瘤突的塔形癞象 *E. turritus*。

茶丽纹象

灌县癞象

二结双洼象 *Gasteroclisus binodulus* (Boheman, 1836)

体长约 10 mm。体黑褐色,具黄色和白色毛带,喙粗略弯,前胸背板具中沟,两侧的洼光滑,鞘翅中后部最宽,鞘翅末端无刺。

波纹斜纹象 *Lepyrus japonicus* Roelofs, 1873

体长约 12 mm。体黑褐色,被土褐色鳞片,前胸背板具延伸至肩部的浅色斜纹,鞘翅中部具白色鳞片组成的波带,前足腿节具小齿。

二结双洼象

波纹斜纹象

绒斑塔利象 *Talimanus speculiferus* (Heller, 1943)

体长约 3.5 mm。体黑褐色，被长毛，头红褐色和前胸多少红褐色，鞘翅基部红褐色，缝缘亚基部具 1 个纵向白毛斑。图中个体摄于安徽池州，为国内首次记录。

绒斑塔利象

山茶象 *Curculio chinensis* (Chevrolat, 1878)

体长（除去喙）约 7 mm。体黑色，具白色和黑褐色鳞片，前胸背板后角和小盾片处白毛聚集成斑，鞘翅中后部白毛聚集成白点或白带，雌性喙与体等长，雄性的较短。

山茶象

毛翅目 Trichoptera

角石蛾科 Stenopsychidae

角石蛾 *Stenopsyche* sp.

前翅长约 21 mm。体褐色，翅具网纹状斑纹，下颚须 5 节，中胸盾片无毛瘤。幼虫水生，不结巢。

角石蛾

长角石蛾科 Leptoceridae

须长角石蛾 *Mystacides* sp.

前翅长约 7 mm。体黑色，带蓝色光泽，触角长是前翅长的 2 倍以上，基半部各节双色，下颚须长而覆盖浓密粗毛。《天目山动物志》记录的褐黄须长角石蛾 *M. testaceus* Navás, 1931 与本种体色相似。

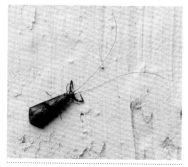

须长角石蛾

鳞翅目 Lepidoptera

小翅蛾

小翅蛾科 Micropterigidae

小翅蛾 Micropterigidae sp.

翅展约 10 mm。头、胸部披橙黄色长毛，前翅大部灰黑色带紫色金属光泽，翅外缘具外侧灰白色及内侧蓝紫色的长缘毛，触角长，超过前翅端部，成虫咀嚼式口器。日行性，取食花粉或真菌。

蝙蝠蛾科 Hepialidae

点蝙蛾

Endoclita sinensis (Moore, 1877)

翅展 50~100 mm，雄性一般较小。前后翅灰褐色，前翅中央有略呈三角形、边缘模糊的灰黑色大斑，前翅基部具圆形黑斑，中央具 1 银色小斑，中室内外及翅顶角处通常具银色斑纹。幼虫蛀食桃、柿、泡桐等多种植物的枝干。

点蝙蛾

长角蛾科 Adelidae

黄带长角蛾 *Nemophora decisella* (Walker, 1863)

翅展约 15 mm。触角基部 1/3 为黑色，具长毛，前翅褐色，披铜色金属光泽的鳞片，中部具 1 条黄色横带，其前后各具 1 条银色细带。雄性较雌性触角长且复眼发达。

黄带长角蛾

细蛾科 Gracillariidae

黑丽细蛾

Caloptilia kurokoi Kumata, 1966

翅展约 12 mm。头部棕黄色，颜面金黄色，下唇须浅黄色。前翅棕色，中部自前缘向后缘发出 1 个金黄色三角形斑。足棕色，跗节白色，后足腿节金黄色。寄主为槭树科树木，幼虫潜叶。

黑丽细蛾

雕蛾科 Glyphipterigidae

基黄带雕蛾 *Glyphipterix gemmula* Diakonoff & Arita, 1976

翅展约 10 mm。头部及胸背灰褐色，前翅深褐色，近基部具 1 条黄白色宽横带，前缘端半部具 6 条指向外缘的斜带，其中第 1 和第 3 条银色，其他黄色，翅端半部具多条黄色和银色的杂带，臀角处具 1 个近三角形的银斑。

基黄带雕蛾

列蛾科 Autostichidae

四川列蛾 *Autosticha sichuanica* Park & Wu, 2003

翅展 12~15 mm。体灰白色，下唇须灰白色，第 2、第 3 节端部黑色，前翅散布黑褐色鳞片，前缘基部、中部及端 1/3 处各具 1 个黑点，前翅基 1/3 及端 1/3 处各横列 2 个黑点。

祝蛾科 Lecithoceridae

花匙唇祝蛾 *Spatulignatha olaxana* Wu, 1994

翅展 17~19 mm。头部黑褐色，头顶具紫色光泽，复眼上缘具黄色鳞片，前翅土黄色，前缘散布黑褐色鳞片，中室端黑色斑，向臀角处延伸与臀角纹相连，缘毛基半部橘黄色，端半部灰色。

四川列蛾

花匙唇祝蛾

麦蛾科 Gelechiidae

六叉棕麦蛾 *Dichomeris sexafurca* Li & Zheng, 1996

翅展约 15 mm。头顶灰褐色，下唇须褐色；前翅浅黄色，前缘散布赭褐色鳞片，翅面中室端 2/5 处具黑褐色纵带，外缘及后缘深褐色，缘毛橙黄色，臀角处黑色。

六叉棕麦蛾

宽蛾科 Depressariidae

红隆木蛾 *Aeolanthes erythrantis* Meyrick, 1935

翅展 21~25 mm。胸背具红棕色的发达毛簇。体背及前翅红褐色，前翅前缘微拱，前缘中部向外侧发出 1 个梯形的紫红色斑，后缘具 3 个鳞毛簇。

草蛾科 Ethmiidae

天目山草蛾 *Ethmia epitrocha* (Meyrick, 1914)

翅展翅展 20~27.5 mm。头顶白色，胸背灰白色，基部和端部各具 2 个黑斑，翅基片基部近外侧具 1 个黑斑，前翅具 15 个稍延长的黑斑，沿外缘内侧具 1 列 10 个小黑点。寄主为厚壳树和樟树。

红隆木蛾

天目山草蛾

织蛾科 Oecophoridae

长足织蛾

Ashinaga longimana Matsumura, 1929

翅展约 40 mm。体灰褐色，触角端半部橙色，具长栉毛，前翅具 2 条黑色纵带，中部具 1 条肾形纹，后翅褐色，后足极度延长。因形态独特，一度被单独归于 Ashinagidae 科。

长足织蛾

展足蛾科 Stathmopodidae

核桃黑展足蛾

Atrijuglans hetaohei Yang, 1977

翅展 10.5~17 mm。头顶深银灰色，前翅黑褐色，前翅端 1/3 处自前缘向后缘发出 1 个乳白色短斑，有时后缘处具 1 个模糊黄斑，后翅深褐色，腹背黑色，腹面银白色。寄主为核桃。

核桃黑展足蛾

绢蛾科 Scythrididae

四点绢蛾 *Scythris sinensis* (Felder & Rogenhofer, 1875)

翅展 11~17 mm。前翅黑褐色，翅基部及翅端各具 1 个黄色斑，有时前翅无斑，腹部杏黄色，雄性腹背基部 3 节黑褐色。寄主为藜，成虫常于日间访花。

斑蛾科 Zygaenidae

庆锦斑蛾 *Erasmia pulchella* Hope, 1840

翅展 81~84 mm。头、胸部蓝绿色，前翅黑色，近翅基部具 1 条不规则的橘色斜带，其外侧具白斑组成的横带，翅面白色部分边缘皆具蓝绿色金属光泽，后翅中部白色，前缘及外缘具黑色带。寄主为山龙眼科和壳斗科乔木。

四点绢蛾

庆锦斑蛾

蓝宝灿斑蛾 *Clelea sapphirina* (Walker, 1854)

翅展约 17 mm。通体黑色，触角、头顶，胸背及翅基片具蓝绿色金属光泽，前翅基部 1/3 处具 1 蓝色横带，外侧具 3 条不规则的蓝色纵带。

蓝宝灿斑蛾

榕蛾科 Phaudidae

黑端榕蛾 *Phauda triadum* (Walker, 1854)

翅展约 26 mm。体背大部披橙黄色长毛，触角黑色，背面被白色鳞片。前翅橙黄色，端部具几乎达翅端的椭圆形黑斑。后翅基半部橙红色，端半部黑色。腹末披黑色毛，雄性具 2 撮长毛簇。寄主为络石。

黑端榕蛾

刺蛾科 Limacodidae

角齿刺蛾广东亚种 *Rhamnosa angulata kwangtungensis* Hering, 1931

翅展 26~36 mm。前翅灰白色，具 2 条平行的褐色斜带，后缘内侧凸出，臀角呈钩状凸出，胸背具高耸的毛簇。

闪银纹刺蛾 *Miresa fulgida* Wileman, 1910

翅展约 30 mm。头部及胸背披橘黄色长毛，前翅褐色，自前缘基半部向外缘发出 1 条不规则银白色纵带，在中室处似被打断，外线银白色，在后 1/3 处向内微弯。

褐点星刺蛾 *Thespea virescens* (Matsumura, 1915)

翅展约 30 mm。头部及胸背翠绿色，前翅翠绿色，中室之后及近后缘中部各具 1 个褐色小斑，缘线由 1 列 4 个褐色小点组成。

角齿刺蛾广东亚种　　　　　　　　　闪银纹刺蛾

褐点星刺蛾

背刺蛾 *Belippa horrida* Walker, 1865

翅展约 30 mm。体褐色,胸背具 4 个黑毛簇,足及腹侧具长毛簇,前翅黑褐色,内线两侧较黑,外线之外乳白色,顶角具黑斑,后翅灰褐色,臀角具黑斑。成虫停歇时腹部常上翘。

背刺蛾

寄蛾科 Epipyropidae

小蝉寄蛾 *Epiricania* sp.

翅展约 10 mm。通体黑色,雄性触角双栉状,前翅卵圆形。幼虫体表被白粉,寄生于广翅蜡蝉、象蜡蝉等中小型半翅目昆虫的腹部。幼虫末龄后从蝉体表掉落,于叶表做白色丝茧。

小蝉寄蛾

木蠹蛾科 Cossidae

多斑豹蠹蛾 *Zeuzera multistrigata* Moore, 1881

雄性翅展约 35 mm,雌性翅展约 70 m。通体除足胫节、跗节外披白毛,足深蓝色,具金属光泽,胸背具 6 个圆形光裸斑,前翅正、背均密布金属蓝色斑点,周缘具 1 个圈蓝斑,后翅具模糊蓝斑。幼虫钻蛀多种树木的茎干。

多斑豹蠹蛾

透翅蛾科 Sesiidae

日长足透翅蛾 *Macroscelesia japona* (Hampson, 1919)

翅展 16~30 mm。体粗壮,头部及胸背披棕黄色毛,腹部黑色,各节端部具细白环,前后翅半透明,周缘黑色,翅脉黑色,前翅端 1/3 处具黑色粗横线,后足长,具白、黑、赭色长毛簇。寄主为绞股蓝。

舞蛾科 Choreutidae

丁纹桑舞蛾 *Choreutis cunuligera* (Diakonoff, 1978)

小型。翅展约 10 mm。体褐色,胸背具延伸至翅基的黄色横带,前翅褐色,中部之前具 2 条浅色横带,外线黄色,在中部断开,其前段中部向外缘发出 1 条橙色细带,其后具 1 条橙色宽横带,后翅黑褐色,中部具橙色斑。

日长足透翅蛾

丁纹桑舞蛾

卷蛾科 Tortricidae

豹裳卷蛾

Cerace xanthocosma Diakonoff, 1950

雄性翅展 34~40 mm，雌性 40~59 mm。头部及胸背黑色，胸背具 4 个黄斑，前翅黑色，自基部向外缘发出 1 条暗红色纵带，沿前缘分布黄白色钩状纹，自基部向外缘发出 5 列黄白色小点，后翅黄色，具不规则分布的黑斑。寄主为槭、槠、山茶等。

豹裳卷蛾

米卡奇卷蛾

米卡奇卷蛾
Charitographa mikadonis (Stringer, 1930)

翅展 15~16 mm。体背及前翅底色棕黄色，前翅基部具 3 条深色纵带，前缘具 4 条银色钩状纹，其中第 3、第 4 条在端部连成环形，近基部及臀角处具白黑相间的斜带，斜带间具不规则的黑色波纹，顶角之下具 1 条银色剑状纹，臀角处具 4 个黑点，后翅灰褐色。寄主为朴树。

羽蛾科 Pterophoridae

艾蒿滑羽蛾 *Hellinsia lienigiana* (Zeller, 1852)

翅展 15~17 mm。通体灰白色，腹部每节后缘具黑褐色点，前翅在 4/7 处开裂，开裂处之前具 1 个褐色斑，第 1 叶前缘基部具 1 个长方形褐斑。

艾蒿滑羽蛾

网蛾科 Thyrididae

玛绢网蛾 *Herdonia margarita* Inoue, 1976

翅展 30~40 mm，雌性较大。前翅淡黄色，亚中褶向臀角具 1 列不规则白斑，外线为 1 条褐色不规则宽带，顶角黑褐色，臀角具黑色"U"形纹，后翅白色，内线、中线及外线均为黄褐色带。寄主为紫薇及石榴。

金盏拱肩窗蛾 *Pyralioides sinuosa* (Warren, 1896)

翅展约 22~32 mm。翅黄色，前翅前缘基 1/4 处拱起，端 1/3 处凹入，凹入处具 1 个淡褐色三角形斑，基部至中室下方至后缘间密布黄褐色斑，外侧具 1 个模糊粉红色区域，后翅局部至中线间密布黄褐色网纹。

玛绢网蛾

金盏拱肩窗蛾

锚纹蛾科 Callidulidae

锚纹蛾 *Pterodecta felderi* (Bremer, 1864)

翅展 28~34 mm。体褐色，前翅正、腹面各具 1 条橘红色锚状纹，腹面锚纹靠前缘的一个凹陷内嵌有 1 个外黑内白的眼斑。日行性，形似蝶类。在日本，寄主记录为耳蕨属植物。

锚纹蛾

螟蛾科 Pyralidae

黑脉厚须螟 *Arctioblepsis rubida* C. Felder & R. Felder, 1862

翅展 38~45 mm。下唇须前伸，雄性第 2、第 3 节被长缨毛，头顶金黄色，胸背红色，前翅红色，翅脉黑色，后翅淡红色。寄主为樟属植物。

黑脉厚须螟

艳双点螟
Orybina plangonalis (Walker, 1859)

翅展 25~27 mm。体背大部深红色，腹面白色，前翅朱红色，外横线波状，中室外端具1个镶黑边的金黄色椭圆形斑，后翅淡朱红色，具深红色外横线，在前缘和臀角处消失。

艳双点螟

朱硕螟 *Toccolosida rubriceps* Walker, 1863

翅展 34~42 mm。头顶、胸背和腹部背面基部红色，前翅狭长，黑褐色，内线自前缘基半部之前发出，向外缘发出，在翅中室附近向后缘弯曲，后翅基半部黄色，外侧黑色。寄主为姜。

朱硕螟

麻楝棘丛螟 *Termioptycha margarita* (Butler, 1879)

翅展约 28 mm。头部褐色，胸背白色，腹背基部几节中部具白纹。前翅黑褐色，基部白色，中部不规则的白色大斑，中室端具近圆形黑斑，后翅白色，前缘及外缘黑褐色。停歇时腹部上举。寄主为麻楝。

红云翅斑螟 *Oncocera semirubella* (Scopoli, 1763)

翅展 24~32 mm。头、胸部黄色。前翅前缘具 1 条白色纵带，中间具自基部向外缘渐宽的桃红色宽纵带，后缘黄色。后翅灰白色。寄主为苜蓿。

草螟科 Crambidae

黄纹银草螟 *Pseudargyria interruptella* (Walker, 1866)

翅展 14~20.5 mm。体背大部白色，触角褐、白色相间，前翅白色，前缘外半部褐色，中带淡褐色，亚外缘线淡褐色，外缘淡褐色，具 1 列黑色斑点，后翅白色，外缘淡褐色。

麻楝棘丛螟

红云翅斑螟

黄纹银草螟

丽斑水螟 *Eoophyla peribocalis* Walker, 1859

翅展 22~29.5 mm。头、胸背及腹背大部分淡黄色，前翅中部具黄色纵线，之后具黄色横带，外缘区黄色，嵌黑边，后翅棕黄色，基部之外和中部具两边嵌黑线的白带，外缘具 4 个内部白色的黑色圆斑。

丽斑水螟

大白斑野螟
Polythlipta liquidalis Leech, 1889

翅展 37~40 mm。头和胸背褐色，散布白色鳞片，腹背第 1、第 2 节白色，第 2 节背面具 1 对黑斑，之后浓黄色，翅白色，前翅基部褐色，后缘具 1 个镶黑边的橙黄色三角形斑，顶角具 1 个黑褐色大斑，后翅具小黑斑。寄主为水蜡树。

大白斑野螟

黄黑纹野螟
Tyspanodes hypsalis Warren, 1891

翅展 30~34 mm。头、胸、翅基片及腹部橙黄色，前翅底色黄白色，前缘及各翅脉间黑色，后翅暗灰色，中央具浅银灰色斑。

黄黑纹野螟

显纹卷叶野螟

显纹卷叶野螟
Pycnarmon radiata (Warren, 1896)

翅展约 28 mm。体背大部黄白色，翅基片、中胸基部及腹端部具成对黑斑，前翅黄白色，向外缘渐深，顶角处具边缘清晰的大白斑，翅具多枚黑斑，近臀角处具 1 个逗状黑斑，外线黑色，弯向外缘中部。后翅白色，中室外侧具大黑斑。

钩蛾科 Drepanidae

洋麻圆钩蛾
Cyclidia substigmaria (Hübner, 1825)

翅展约 65 mm。头顶及触角黑色，体银白色，翅白色，前翅具模糊的灰色内线，中带灰色，在中室处加宽，外线自顶角处向臀角之内发出，后翅具 2 条灰色横带，外缘具 1 排黑点。寄主为八角枫。

三线钩蛾
Pseudalbara parvula (Leech, 1890)

翅展 18~22 mm。前翅顶角凸出，钩状，棕灰色，外侧略具紫色，具 3 条深褐色斜带，中室端部具 2 个灰白色小点，顶角下具 1 个黑色眼斑，后翅灰褐色。寄主为核桃和壳斗科树木。

洋麻圆钩蛾

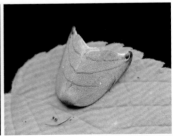

三线钩蛾

小豆斑钩蛾浙江亚种

Auzata minuta spiculata Watson, 1959

翅展 27~35 mm，雌性体型较大。体背白色，腹背各节具成对的灰色斑，翅白色，外缘区具灰色斑，前翅中线强烈弯折，其外侧具 1 个棕灰色的肾形斑，后翅具双线状的灰色中线，其外侧具灰色大斑。本种模式产地为浙江东天目山。

红波纹蛾 *Thyatira batis rubrescens* Werny, 1966

翅展 30~35 mm。胸背具浓密的赭红色毛簇，腹部棕色，前翅褐色，具数枚淡粉色大斑，粉斑内部不同程度深色，后翅浅褐色。寄主为多种悬钩子。

印华波纹蛾 *Habrosyne indica* (Moore, 1867)

翅展 35~46 mm。体背棕色，胸背具高耸的毛簇，前翅自前缘 1/6 处发出伸向臀角之前的白线，其内侧灰色，外侧棕灰色，并具大量褐色波线，顶角具 1 个褐色月牙形斑，外缘具 1 条白色带，缘线波状，后翅棕灰色。

小豆斑钩蛾浙江亚种

红波纹蛾

印华波纹蛾

凤蛾科 Epicopeiidae

浅翅凤蛾
Epicopeia hainesii sinicaria Leech, 1897

翅展约 60 mm。体黑褐色，翅脉黑色，翅大部披浅灰色鳞片，但前翅前缘和外缘黑褐色，后翅前缘至臀角黑褐色，并具 4 枚红斑。寄主为山胡椒。

浅翅凤蛾

仙蛱凤蛾
Psychostrophia nymphidiaria (Oberthür, 1893)

翅展约 45 mm。体黑色，翅白色，前翅周缘除后缘外具宽阔的黑色镶边，外缘黑带，内部具成列白点，后翅外缘具宽黑带，内部具成列白点。

仙蛱凤蛾

燕蛾科 Uraniidae
土双尾蛾
Dysaethria erasaria (Christoph, 1881)

翅展约 25 mm。体背大部棕色，前翅外缘具 2 个齿突，臀角处具黑色眼斑，后翅浅褐色，中部具强烈弯折的中带，不规则地散布黑斑，外缘具 2 个小尾突。本种停歇时前、后翅均可折叠。

土双尾蛾

尺蛾科 Geometridae
白珠兀尺蛾
Amblychia angeronaria Guenée, 1858

翅展 75~80 mm。雄性触角强烈栉状，体背大部棕褐色，前翅棕褐色，具模糊的灰黑色内、中线；中线外侧具 1 条前缘锯齿状的白带，外线浅褐色，后翅外缘具 1 个小尾突，具模糊的灰色内线及锯齿状的中、外线。

白珠兀尺蛾

简黛尺蛾
Descoreba simplex Butler, 1878

翅展 41~48 mm。体灰白色，前翅顶角凸出，自顶角向后缘 1/2 处发出 1 条褐色斜带，有时为 1 列褐色小点，中室端部常具 1 个褐色小点，有时自该点外缘发出 1 条褐色短纵带，后翅灰白色。成虫早春发生，寄主为桦科、壳斗科和蔷薇科等多科植物。

简黛尺蛾

榄斜尺蛾

榄斜尺蛾

Loxotephria olivacea Warren, 1905

翅展 23~28 mm。头、胸棕灰色，腹部灰色，翅棕灰色，前翅内线弯折，紫红色，停息时前翅中线和亚缘线棕色与后翅的内线、亚缘线连接，缘线紫红色。

双色波缘尺蛾

双色波缘尺蛾

Wilemania nitobei (Nitobe, 1907)

翅展 30~35 mm。胸背具深褐色长毛，前翅灰白色，内线直，内线内侧褐色，外线中部向前缘凸起，外线外侧褐色，中室外侧具 1 个黑斑，后翅灰白色，中室外侧具 1 个黑点，外线外侧淡褐色。寄主为桦科、壳斗科和榆科等多科植物。

虎尺蛾 *Xanthabraxas hemionata* (Guenée, 1857)

翅展约 62 mm。体背黄色，前胸具 2 个黑斑，腹部各节具黑斑，前翅黄色，具黑色中线和外线，两线在中部似相交，中线内外散布黑斑，外缘具黑色短纵线，后翅黄色，具 2 条黑色横带，外缘具黑色纵线。

虎尺蛾

金黄歧带尺蛾 *Trotocraspeda divaricata* (Moore, 1888)

翅展约 42 mm。体大部淡黄色，前翅中线红褐色，斜向，与红褐色外线在臀角附近向交，外缘波状，后翅具小尾突，外缘具 3 条红褐色带，顶角处具 1 个褐色大斑。

雪尾尺蛾 *Ourapteryx nivea* Butler, 1883

翅展 37~52 mm，雌性较大。体白色，前翅散布横向短灰线，具平直的内、外横线，中室端具 1 条灰色短横线，外缘枣红色，后翅具 1 条平直的灰色横线，外侧散布灰色短线，翅缘枣红色，具小尾突，尾突前具 2 个斑。

金黄歧带尺蛾

雪尾尺蛾

青辐射尺蛾 *Iotaphora admirabilis* (Oberthür, 1883)

翅展 45~53 mm。体青灰色，带黄纹，前翅内线和亚缘线白色，内部镶黄边，外部镶灰边，中室端斑黑色，外缘蓝白色，具若干黑纵线，后翅与前翅相似。寄主记录为核桃和核桃楸。

镰翅绿尺蛾 *Tanaorhinus reciprocata confuciaria* (Walker, 1861)

翅展 67~75 mm。通体绿色，前翅顶角略呈镰刀状，内线强烈波纹状，白色，外线锯齿状，外线之外具灰白色区域，缘线波纹状，白色，后翅外线及缘线与前翅类似。寄主为壳斗科栎属植物。

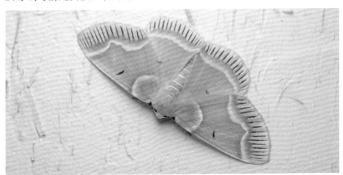

青辐射尺蛾

镰翅绿尺蛾

邻眼尺蛾 *Problepsis paredra* Prout, 1917

翅展约 35 mm。体白色但头深色，前翅中部具 1 个黄、黑色相间的不规则眼状斑，其中嵌有银色点斑，其下具嵌黑线的棕黄色圆斑，外缘具网格状的灰斑，后翅斑纹如前翅，中部大斑稍有不同。

方折线尺蛾 *Ecliptopera benigna* Prout, 1914

翅展约 35 mm。体背中部棕黄色，两侧褐色，前翅褐色，基线和内线白色，翅中部具 2 条白色斜纹，在臀角处交汇，与亚缘线一同将翅面分隔为中部的三角形区域和近后缘的水滴形区域，后翅米白色，近外缘处具多条锯齿形横线和大片灰褐色阴影。

舟蛾科 Notodontidae

白二尾舟蛾 *Kamalia tattakana* (Matsumura, 1927)

翅展约 70 mm。触角双栉状，头及胸背大部白色，腹背大部黑色，前翅白色，具多条黑色波纹，其中第 2 条横线较粗，后翅白色，具模糊的黑褐色横线，外缘具黑点，翅脉黑褐色。

邻眼尺蛾　　　　　　　　　　　　　方折线尺蛾

白二尾舟蛾

.

核桃美舟蛾 *Uropyia meticulodina* (Oberthür, 1884)

翅展约 51 mm。胸背深褐色，前翅红棕色，前后缘各具 1 块黄褐色大斑，停歇时侧面观如 1 片卷曲的枯叶，后翅黄白色。寄主为核桃、胡桃楸和胡桃。

珍尼怪舟蛾 *Hagapteryx janae* Schintlmeister & Fang, 2001

翅展约 45 mm。体背暗红褐色带黑色斑，腹部黄褐色，前翅红褐色，具多条黑色波状横线，翅前缘具 3 个白斑，翅中部具 1 个肾形斑和 1 条镶黑边的月状纹，翅外缘强烈锯齿状。

黑蕊尾舟蛾 *Dudusa sphingiformis* Moore, 1872

翅展约 75 mm。体黑色，但胸背黄色，具褐色横纹，后胸背面具竖立的黑色长鳞毛，腹末黑色长鳞毛聚成球状，前翅黄色带褐斑，亚基线、内线、外线灰白色，外线双波形，亚端线和端线由白色月牙形短线组成，翅外缘锯齿状。

核桃美舟蛾

珍尼怪舟蛾

黑蕊尾舟蛾

钩翅舟蛾

Gangarides dharma Moore, 1865

翅展 57~63 mm。体背大部橙黄色，前翅具 5 条黑色细横线，其中亚缘线波浪状，前翅顶角钩状，后翅红褐色。

钩翅舟蛾

瘤蛾科 Nolidae

中爱丽夜蛾 *Ariolica chinensis* Swinhoe, 1902

翅展 23~25 mm。体背大部白色，后胸具 1 个赭黄色大斑，前翅白色，翅前缘基部具 1 个黄斑，内线黄色带状，镶细黑边，外线黄色带状，近臀角处向外缘伸出 1 条黄色带，后翅白色。

柿癣皮夜蛾 *Blenina senex* (Butler, 1878)

翅展约 39 mm。体为斑驳的灰色，部分斑纹绿色，前翅灰褐色，中线与外线间具模糊的暗色宽带，后缘之前具 1 条黑色纵带，后翅灰色，外缘区色稍深。

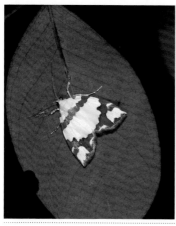

中爱丽夜蛾

柿癣皮夜蛾

太平粉翠夜蛾

太平粉翠夜蛾

Hylophilodes tsukusensis Nagano, 1918

翅展约 38 mm。胸背淡粉绿色,中央具黄色纵带,前翅淡粉绿色,具 2 条绿色斜带,绿带内侧镶黄边,外缘有时略呈粉色,后翅白色。

绿角翅夜蛾

绿角翅夜蛾

Tyana falcata (Walker, 1866)

翅展约 30 mm。体背翠绿色,胸背中间具白色纵线,腹部白色,前翅翠绿色,纵列 2 个镶黄边的锈红色点,前缘具细白边,外缘白色,两侧镶褐边,后翅小,白色。

显长角皮夜蛾 *Risoba prominens* Moore, 1881

翅展约 25 mm。触角极细长,胸背白色或灰黑色,具高耸前伸的弧形毛簇,前翅棕灰色,近前缘处略呈墨绿色,基部白色,中线白色,边缘模糊,中室外侧具肾形纹,顶角处褐色,具数条黑色剑状纹,后翅灰白色,中部具 1 个黑点,外缘灰黑色。停歇时腹部常常上翘。

显长角皮夜蛾

目夜蛾科 Erebidae

大丽灯蛾 *Aglaomorpha histrio* (Walker, 1855)

翅展 80~103 mm。体橙色，背面具黑斑，前翅黑色，具数个白色至黄色的斑，中室末具 1 个橙斑，后翅橙色，具数个黑斑。寄主为车前草。

粉蝶灯蛾 *Nyctemera adversata* (Schaller, 1788)

翅展 44~50 mm。体背白色具黑点，腹末黄色。前翅白色，翅面中部具深色横斑，沿翅脉与外侧 2 个深色纵斑相连，顶角至臀角具深色斑组成的宽带，近臀角处断裂，后翅白色，中部具 1 个黑斑，外缘具 4 个或 5 个黑斑。

清新鹿蛾 *Caeneressa diaphana* (Kollar, 1844)

翅展 38~45 mm。触角黑色，端部白色，体背黑色，具青色金属光泽，翅基片黑色，后胸黄色，腹背具横形黄斑。前翅前缘、外缘及后缘黑色，中部除翅脉外灰黑色，中室外侧具黑斑。后翅外缘和前缘黑色，其余部分透明。

大丽灯蛾　　　　　　　　　　　　粉蝶灯蛾

清新鹿蛾

乌闪苔蛾 *Macrobrochis staudingeri* (Alphéraky, 1897)

翅展 39~50 mm。体背黑色，前胸、胸腹和腹面中央面橙红色，前翅乌黑色，后翅色略浅。

黄黑瓦苔蛾 *Vamuna alboluteora* (Rothschild, 1912)

翅展约 55 mm。体背大部白色，触角黑色，腹部略呈黄色，前翅白色，前缘和外缘前半黑色，翅中部之后具 1 条黑色宽带，其内缘平直，外缘角状，后翅黄白色，顶角处黑色，外缘具 1 个黑斑。

双线盗毒蛾 *Somena scintillans* Walker, 1856

翅展 22~28 mm，雌性较大。体背黄褐色，前翅大部赭色，密布黑色鳞片，前缘及外缘黄色，赭色部分向外伸出 2 支小纵带达翅缘，顶角处黄色，具 1 个黑色小点，后翅棕黄色。

乌闪苔蛾　　　　　　　　　　　黄黑瓦苔蛾

双线盗毒蛾

白斜带毒蛾
Numenes albofascia Leech, 1888

翅展 45~83 mm，雌性较大。头顶及胸背黑色，雄性腹部黑褐色，雌性腹部橘黄色。前翅黑色，雄性自臀角向前缘发出 1 支垂直于前缘的粗白带，雌性前翅基部具 1 条白色宽带，自臀角向前缘发出 3 条白带。雄性后翅黑色，雌性后翅橘黄色，具 2 个大黑点。

白斜带毒蛾

魔目夜蛾 *Erebus ephesperis* (Hübner, 1827)

翅展 80~94 mm。头、胸部黑色，后胸具白毛，腹部褐色，前翅褐色，翅中部近前缘具 1 个大而圆的眼斑，其外缘镶白边，并延伸至翅后缘，眼斑外侧具 1 条白带，于雄性平直而于雌性略呈弧形，顶角具 1 个白斑，后翅斑纹与前翅相似但无眼斑。寄主为菝葜。

蓝条夜蛾 *Ischyja manlia* (Cramer, 1776)

翅展约 90 mm。体背灰褐色，前翅内侧棕褐色，外侧棕灰色，中室下方具 1 条黑色纵纹，其上具 1 条环形纹和 1 条肾形纹，后翅褐色，中部具 1 条蓝带。

魔目夜蛾

蓝条夜蛾

肾巾夜蛾

肾巾夜蛾

Bastilla praetermissa (Warren, 1913)

　　翅展 51~59 mm。体背褐色，前翅褐色，中部具白色宽带，顶角至后缘近端部具内斜的横线，其前端与前缘之间具 1 条白色短纹，后翅暗褐色，中部具 1 条向前缘渐宽的白色横带，臀角处具 1 个镶白边的黑斑。

艳叶夜蛾

艳叶夜蛾

Eudocima salaminia (Cramer, 1777)

　　翅展 84~86 mm。头、胸部灰绿色，腹部黄色，前翅前缘绿色，前缘区和外缘区白色，自顶角向后缘内侧发出 1 支弧形分界线，分界线之后全部绿色，后翅橘黄色，端区具 1 个黑色弧斑，近臀角具 1 个黑色肾形斑。

木叶夜蛾

木叶夜蛾

Xylophylla punctifascia (Leech, 1900)

　　翅展 101~113 mm。体背褐色。前翅似枯叶，顶角凸出，褐色，自基部向顶角处发出 1 支细纵线，自该纵线向前缘和后缘发出多条斜线，翅中室外侧具 3 个白色小点，后翅褐色，中部之外具 1 列弧形排列的橙色点，外镶黑边。

细纹壶夜蛾 *Calyptra fletcheri* (Berio, 1956)

翅展 55~62 mm。下唇须前伸并被毛，似头前伸出 1 个前端平截的凸起，体背灰色，前翅顶角、臀角及后缘基部凸出，似枯叶，基线、内线褐色，稍模糊，自顶角向外缘中部发出 1 支清晰斜线，后翅黑褐色，外缘黄色。

细纹壶夜蛾

夜蛾科 Noctuidae

八字地老虎
Xestia c-nigrum (Linnaeus, 1758)

翅展 29~36 mm。头及胸背褐色，前翅大部赤褐色，基部及外缘处灰褐色，中室下方色深，环纹浅褐色，宽 "V" 字形，向前缘开放并包围 1 个浅黄色区域，后翅棕灰色。

八字地老虎

胖夜蛾
Orthogonia sera C. Felder & R. Felder, 1862

翅展约 60 mm。体背大部棕褐色，前翅棕色，基部具 3 个黑斑，内线弧形，外线略呈波状，内外线之间部分深褐色，外缘中部具 1 个深色区域，其内侧具 2 个黑点，后翅褐色。

胖夜蛾

大斑蕊夜蛾

大斑蕊夜蛾
Cymatophoropsis unca Houlbert, 1921

翅展 28~32 mm。头部黑褐色，胸背白色，前翅黑褐色，基部具 1 个黄白色卵形大斑，伸达翅中部，顶角及臀角处具 1 个椭圆形白斑，后翅灰白色。

交兰纹夜蛾

交兰纹夜蛾
Lophonycta confusa (Leech, 1889)

翅展 28~32 mm。头部白色，头顶具黑点，前翅深灰褐色，自翅内角向前缘发出 2 根白色弧线，自前翅中部向臀角方向伸出 1 根白色细弧线，前后弧线间具 1 个乱网纹组成的白色纵带，臀角处具 1 个白点，后翅灰白色，外缘略呈灰色。

白斑虎蛾 *Chelonomorpha japana* Motschulsky, 1861

翅展 55~58 mm。体背大部黑色，翅基具白毛，腹背各节具黄斑，前翅基部近前缘具 1 个三角形白斑，中部及近外缘区分别横列 2 个近方形大白斑，外缘具 1 列白点，臀角具 1 个梯形小白斑，后翅橘色，基部及缘区黑色，翅中部至臀角具 3 个黑斑，缘区近顶角具 2 个白斑。

白斑虎蛾

丹日明夜蛾 *Sphragifera sigillata* (Ménétriès, 1859)

翅展 32~40 mm。头胸部白色，前翅白色，具褐色细波纹，翅外缘具 1 个深棕色椭圆形大斑，外缘棕色，后翅灰白色。

淡银锭夜蛾 *Macdunnoughia purissima* (Butler, 1878)

翅展 29~32 mm。体背灰褐色，后胸及第 1 腹节背面各具黑褐色毛簇，前翅灰色，内线后半黑褐色，翅中部具 2 个分离的银斑，中室端部 1 个暗褐色斑，外线黑褐色，内衬锈红色，后翅灰褐色。

丹日明夜蛾

淡银锭夜蛾

紫黑扁身夜蛾 *Amphipyra livida* (Denis & Schiffermüller, 1775)

翅展约 50 mm。体背黑色，略具光泽，前翅黑色，具光泽，基部黄色，后翅黄色，外缘略呈灰褐色。

紫黑扁身夜蛾

散纹夜蛾

散纹夜蛾
Callopistria juventina (Stoll, 1782)

翅展 25~27 mm。体背大部褐色。前翅棕褐色，翅脉淡黄色，内线双线状，白色，环纹黑色，具白边，肾形纹白色，中间深褐色，内嵌白色短线，顶角及其后方具白色粗条纹，外缘中部凸出。后翅灰棕色。寄主为海金沙草。

尾夜蛾科 Euteliidae

折纹殿尾夜蛾
Anuga multiplicans (Walker, 1858)

翅展约 45 mm。体背灰褐色，前翅灰色，具多条波状横线，中室中央具 1 个黑点，肾形纹镶黑边，缘线深褐色，锯齿状，后翅灰褐色，具深色横线。停歇时前后翅折叠并平伸于体侧。

折纹殿尾夜蛾

枯叶蛾科 Lasiocampidae

思茅松毛虫 *Dendrolimus kikuchii* Matsumura, 1927

翅展 53~75 mm，雌性体型较大。体背红褐色，前翅红褐色，内侧具 2 条模糊的深色弧形横线，外侧具 2 条略呈锯齿形的横线，中室处具白斑（雄性于该白斑内侧具 2 块相接的淡黄色斑），翅亚外缘区具黑斑列，其内侧具淡黄色斑，后翅褐色。寄主为多种松科植物。

小斑痣枯叶蛾 *Odontocraspis hasora* Swinhoe, 1894

翅展 35~40 mm。体背褐色，前翅褐色，缀黑色鳞片，外缘中部凸出，中室内具橙斑，不达中室 1/2，橙斑外侧具 2 个白点，外缘近顶角处具 2 个无鳞透明斑，后翅褐色。

思茅松毛虫

小斑痣枯叶蛾

栎黄枯叶蛾

栎黄枯叶蛾
Trabala vishnou (Lefèbvre, 1827)

翅展 41~79 mm，雌性较大。体背黄色，前翅黄绿色基部具褐色大斑，其外侧具 1 个大黑点，中线灰色，模糊，亚缘区具 1 列黑点，后翅黄色，外缘略呈锯齿状，翅面具 2 条波状横线。

蚕蛾科 Bombycidae

桑蟥 *Rondotia menciana* (Moore, 1885)

翅展 29~41 mm，雌性体型较大。体背黄色。前翅黄色，翅脉黑，顶角钩状，外缘中部凸出，内线黑色弧状中室外侧具 1 个黑色月状纹，亚缘线略呈弧状，在中部之后向内凹入，后翅黄色，臀角处具 1 个黑斑。寄主为多种桑属植物。

桑蟥

大蚕蛾科 Saturniidae

长尾大蚕蛾

Actias dubernardi (Oberthür, 1897)

翅展 95~125 mm。雄性体背及翅大部黄色，雌性烟青色。雄性前翅前缘黑色，中室外侧具 1 条镶黑边的眼纹，缘区粉红色，后翅黄色，外侧粉红色，雌性翅烟青色，两性后翅皆具 1 个甚长的尾突。寄主为松。

长尾大蚕蛾

华尾大蚕蛾
Actias sinensis (Walker, 1855)

翅展 90~120 mm。前翅前缘具 1 条贯穿胸部的深色带,雄性黄色,具褐色内线、亚缘线褐色、波曲状,雌性体色与绿尾大蚕蛾近似,但后者亚缘线直。寄主为枫香等。

华尾大蚕蛾(上:雌,下:雄)

银杏大蚕蛾 *Caligula japonica* (Moore, 1872)

翅展 105~115 mm。体背大部棕黄色，雄性体色偏灰，前翅灰褐色，内、外线褐色，两线之间区域浅色，中室外端具肾形纹，亚缘线锯齿状。成虫秋季出现。

粤豹大蚕蛾 *Loepa kuangtungensis* Mell, 1939

翅展约 80 mm。体黄色，颈板红棕色，前翅前缘基半部黑色，内线波状红色，中室外端具 1 个眼斑，顶角下缘具 1 个黑斑，缘线白色，后翅纹饰如前翅，翅中部具 1 个眼斑。寄主为葡萄科植物。

银杏大蚕蛾

粤豹大蚕蛾

半目大蚕蛾 *Antheraea yamamai* (Guerin-Meneville, 1861)

翅展 110~150 mm，雌性体型较大。雄性体棕红色，雌性鲜黄色，前翅顶角钩状，内线弧状，雄性中线褐色，模糊，雌性中线较翅色稍深，中室端部具镶黑边的圆形眼斑，亚缘线黑色，后翅具深色内线和黑、白色镶嵌的亚缘线，中央具大眼斑。

半目大蚕蛾（上：雄；下：雌）

明目大蚕蛾 *Antheraea frithi tonkinensis* Bouvier, 1936

与半目大蚕蛾相似，但翅上眼斑的黑点明显较后者大，后翅亚缘线波曲状。雄性体色较雌性斑驳。

明目大蚕蛾

角斑樗蚕蛾 *Samia watsoni* (Oberthür, 1914)

翅展 113~125 mm。与王氏樗蚕相似，体色深而更浓艳，前翅顶角具 1 个黑斑，中域眉形横斑中部角突明显。寄主为小叶白辛树。

角斑樗蚕蛾

青球笭纹蛾

大背天蛾

大星天蛾

笭纹蛾科 Brahmaeidae

青球笭纹蛾

Brahmaea hearseyi White, 1862

翅展约 115 mm。体黄棕色具黑色条带，前翅褐色，基部具数条黑色横纹，内、外线双凹形，近后缘处包围成 1 个大眼斑，顶角具 1 个黑斑，外线后 2/3 之外具数条波状黑纹。同地的枯球笭纹蛾 *B. wallichii* 前翅前缘附近的黑色中线外凸，非内凹。

天蛾科 Sphinginae

大背天蛾

Notonagemia analis（C. Felder & R. Felder, 1874)

翅展 106~150 mm。体背灰色，肩板外缘具黑色纵带，后部具黑斑 1 对，腹部第 1 节具黑色横带，腹侧及腹背中央具黑色纵带，前翅灰色，缀模糊的黑斑，中室外侧具镶黑边的白点，翅中部具 1 条黑色纵带，近顶角处具 1 条黑色剑状纹，后翅黑褐色，臀角处具黑纹。

大星天蛾

Dolbina inexacta (Walker, 1856)

翅展 55~86 mm。体背灰褐色，缀白色和黑色碎纹，前翅棕褐色，翅基部具数条模糊横线，中室之外具 3 条锯齿形横线，期间具 2 条黑色剑纹，中室外侧具白点，缘区具多个模糊白色区域，后翅灰褐色。

广东鹰翅天蛾 *Ambulyx kuangtungensis* (Mell, 1922)

翅展 65~80 mm。体背棕黄色，胸侧及腹背首节黑色。前翅棕黄色，基部具 1 个黑点，前缘基部 1 个弧形黑斑，后缘基部具 1 个黑色椭圆斑，缘线自顶角发出伸达臀角之前，臀角处具 1 个近三角形黑斑，后翅略带粉色，臀角凸出，中部具 1 条模糊深色横线。

枫天蛾 *Cypoides chinensis* (Rothschild & Jordan, 1903)

翅展 38~48 mm。体背棕色，前翅棕色，前翅具多条模糊的褐色横线，中线及外线之间色深，外线不规则波纹状，外缘凹入之前褐色，后翅褐色，外缘略呈齿状。寄主为枫香属植物等。

广东鹰翅天蛾

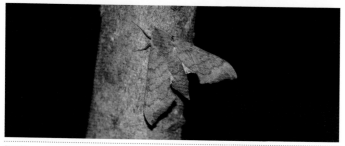

枫天蛾

木蜂天蛾 *Sataspes xylocoparis* Butler, 1875

翅展 52~70 mm，雌性较大。触角栉齿状，体背黑色，颈板及胸背披黄毛，腹部缀黄毛，前翅狭长，黑色，向外侧颜色渐浅，翅脉黑色，后翅小，灰黑色，前缘灰白色。本种拟态木蜂属 *Xylocopa* 昆虫，寄主为黄檀属植物。

青背长喙天蛾 *Macroglossum bombylans* Boisduval, 1875

翅展 40~52 mm。体背青棕色，腹背端半部黑色，杂灰白色毛带，前翅褐色，具深色基带，端半部具 1 条近 "L" 形宽带，中线细，波状，其后具 1 条阴影状宽色带，顶角具 1 个棕红色宽斑和 1 个褐色小斑，后翅大部褐色，前缘和翅基黄色。寄主为鸡屎藤等。

青背长喙天蛾

木蜂天蛾

凤蝶科 Papilionidae

黎氏青凤蝶
Graphium leechi (Rothschild, 1895)

黎氏青凤蝶

翅展 60~80 mm。翅黑色，前翅亚外缘有白斑列，前翅中域的绿斑细长，后翅外缘波状，亚外缘具白斑列，基部具纵形白条纹。黎氏青凤蝶与碎斑青凤蝶 *G. chironides* 近似，但前翅近后缘的 2 个斑条明显狭长，后翅第 7 室狭窄导致该翅室的斑块明显狭窄。

穹翠凤蝶
Papilio dialis (Leech, 1893)

翅展 90~135 mm。翅黑色，满布金属光泽的绿色或蓝色鳞片，后翅外缘具 6 个不明显飞鸟形粉红色斑，臀角红斑环形。本种与碧凤蝶 *P. bianor* 近似，但雄性性标较细，多为分开，尾突较短，且蓝绿色鳞片较扩散。

穹翠凤蝶

绿带翠凤蝶
Papilio maackii (Ménétriés, 1859)

翅展 80~130 mm。翅黑色，满布金绿色鳞片，后翅外缘具 6 个新月形红斑，臀角红斑圆形，尾突中部具明显蓝绿色斑带。本种与碧凤蝶 *P. bianor* 近似，但雄性性标更为发达，几乎相连，后翅背面蓝绿色鳞片扩散较窄，远离亚外缘斑。

绿带翠凤蝶

宽尾凤蝶
Agehana elwesi (Leech, 1889)

翅展 115~130 mm。翅黑色，后翅外缘具 5 个新月形红斑，尾突宽大，内具 2 条翅脉，易与其他凤蝶进行区分。常见于高空翱翔，亦会在水边吸水或停栖在树叶上。

宽尾凤蝶

冰清绢蝶 *Parnassius glacialis* Butler, 1866

翅展 60~70 mm。翅形圆，近乎全白，无任何红斑，前翅中室及亚外缘具不清晰的灰色斑带。成虫发生期较早，寄主为延胡索等。

冰清绢蝶

中华虎凤蝶 *Luehdorfia chinensis* Leech, 1889

翅展 60~65 mm。翅黄色并具黑色条纹，后翅背面红色斑发达，尾突短。发生期早，一般仅在早春可见，寄主为杜衡等。国家二级保护动物。

中华虎凤蝶

金裳凤蝶 *Troides aeacus* (C. Felder & R. Felder, 1860)

翅展 100~150 mm，前翅天鹅绒黑色，后翅金黄色。本种与裳凤蝶 *T. helena* 近似，区别在于雄蝶后翅背面近臀角处外缘黑斑的内侧具散布的黑色鳞片。多沿山路飞翔或在山谷间盘旋。寄主为多种马兜铃。国家二级保护动物。

金裳凤蝶

弄蝶科 Hesperiidae

半黄绿弄蝶

Choaspes furcatus Evans, 1932

翅展 40~45 mm，翅背面暗褐色，基部绿色，后翅臀角沿外缘具橙黄色带，翅腹面黄绿色，翅脉黑色。本种与绿弄蝶 *C. benjaminii* 近似，但雄蝶翅色较淡，土黄色，翅基部绿色，雌蝶翅基部色淡黄绿色。

半黄绿弄蝶

德襟弄蝶 *Pseudocoladenia decorea* (Evans, 1939)

翅展约 45 mm。雄蝶体斑纹黄色，雌蝶为白色。和黄襟弄蝶 *P. dan* 以及大襟弄蝶 *P. dea* 同地分布，且雌雄外生殖器都有稳定的区分，现已被提升为种。

花裙俳弄蝶 *Pedesta submacula* (Leech, 1890)

翅展约 40 mm，翅背面黑褐色，缘毛淡黄色，后翅背面仅具 3 个白斑，腹面具许多淡黄色斑，雄蝶前翅中室下具斜行黑色性标，两端膨大，中间具 1 条短白条纹。本种曾归于陀弄蝶属。

粉蝶科 Pieridae

圆翅钩粉蝶 *Gonepteryx amintha* (Blanchard, 1871)

翅展 60~65 mm。前后翅尖角较钝，本属种类雌雄异型，雄为橙黄色，雌为白色，两性后翅腹面中室前脉及第 7 脉膨大。

德襟弄蝶　　　　　　　　　　　花裙俳弄蝶

圆翅钩粉蝶

橙翅襟粉蝶 *Anthocharis bambusarum* Oberthür, 1876

翅展 40~45 mm。前翅较本属其他种圆润,雄蝶前翅背面几乎全为橙色,雌蝶无橙色斑,底色为白色。发生期早,一般仅在早春可见。

灰蝶科 Lycaenidae

莎菲彩灰蝶 *Heliophorus saphir* (Blanchard, 1871)

翅展约 28 mm。雄翅基部起大部具蓝紫色金属光泽,外缘黑褐色,雌性翅褐色,前翅外半部具 1 个大型橙斑,两性翅腹面黄色,前翅臀角具黑斑,后翅后缘具橙色斑带。寄主为金荞麦。

橙翅襟粉蝶

莎菲彩灰蝶

东亚燕灰蝶 *Rapala micans* (Bremer & Grey, 1853)

翅展 25~30 mm。体背面黑色，翅面具蓝色金属光泽，前翅背面具很小的橙色斑或无橙色斑，后翅腹面臀区具眼状斑，且具细长的尾突，拟态头部。也有观点认为本种是霓纱燕灰蝶 *R. nissa*。

饰洒灰蝶 *Satyrium ornata* (Leech, 1890)

翅展约 36 mm。前后翅背面黑色，多数个体前翅背面具 1 个橙斑，翅腹面灰褐色，后翅臀角附近具橙带，具 2 条长短不一的尾突。同地还分布有大洒灰蝶 *S. grandis*、优秀洒灰蝶 *S. eximia*、粗带洒灰蝶（天目洒灰蝶）*S. tamikoae*，这 3 种雄蝶前翅背面无橙斑。

东亚燕灰蝶

饰洒灰蝶

浅蓝华灰蝶

Wagimo asanoi Koiwaya, 1999

翅展约 35 mm。前翅背面前缘及外缘黑褐色，中域至翅基部蓝紫色，后翅黑褐色，翅腹面具较多细白线，后翅臀角附近具 2 个分离的橙斑。同地分布的黑带华灰蝶 *W. signatus* 后翅 2 个橙斑相连。

浅蓝华灰蝶

杉山癞灰蝶

Araragi sugiyamai Matsui, 1989

翅展 32~35 mm。翅背面黑褐色，并透出腹面的部分斑纹。本种与癞灰蝶 *A. enthea* 近似，但可以通过前翅基部腹面与前缘的斑纹，前后翅的中室端斑与臀角区的斑纹形状进行区分。

杉山癞灰蝶

蚬蝶科 Riodinidae

白带褐蚬蝶 *Abisara fylloides* Moore, 1901

翅展约 40 mm。前翅具淡色斜带，后翅无尾突，翅缘具白色缘毛，雌蝶斜带较雄蝶细，后翅中部具 1 条模糊细条纹。林中阴暗处可见。

白带褐蚬蝶

白点褐蚬蝶 *Abisara burnii* (de Nicéville, 1895)

翅展约 40 mm。体正腹面底色以棕红色为主，后翅外缘圆滑，腹面白色斑点较多，易与近缘种识别。林中阴暗处偶见。

蛱蝶科 Nymphalidae

绿豹蛱蝶 *Argynnis paphia* (Linnaeus, 1758)

翅展 65~68 mm。雄蝶体背面前翅具 4 条较长的沿翅脉的性标，两性后翅腹面底色主要为灰绿色且带金属光泽，亚基域，内中域和外中域各具 1 条白色带纹。雌蝶背面呈青绿色或者淡黄褐色。

黄帅蛱蝶 *Sephisa princeps* Fixsen, 1887

翅展 65~70 mm。雄蝶体背面底色杂以黑色和橙黄色，后翅腹面色泽较淡。本种与帅蛱蝶 *S. chandra* 近似，但前翅无白色斜斑列，后翅腹面中室内具 2 个不相连的黑点。

白点褐蚬蝶

绿豹蛱蝶　　　　　　　　　　　黄帅蛱蝶

黑紫蛱蝶 *Sasakia funebris* Leech, 1891

翅展 95~110 mm。翅黑色，具蓝天鹅绒光泽，前翅中室内具 1 条红色纵纹，端半部各室具 "V" 形白色条纹，后翅端部具平行白色长条纹。喜吸食树汁，飞行有力。国家二级保护动物。

黑紫蛱蝶

曲纹蜘蛱蝶 *Araschnia doris* Leech, 1893

翅展 40~50 mm。后翅外缘圆滑，前后翅正腹面都具清晰而弯曲的中带。本种与直纹蜘蛱蝶 *A. prorsoides* 较近似，但中带的前后翅向内移位，不连成一条直线。

曲纹蜘蛱蝶

素饰蛱蝶 *Stibochiona nicea* (Gray, 1846)

翅展约 55 mm。雄蝶体背面黑色,具蓝色色调,雌蝶色泽较淡且具绿色色调,前翅的亚外缘及后翅的外缘都饰有白斑列,白斑不呈"V"形,可与电蛱蝶 *Dichorragia nesimachus* 轻易区分。

素饰蛱蝶

黄翅翠蛱蝶

黄翅翠蛱蝶
Euthalia kosempona Fruhstorfer, 1908

翅展约 70 mm,雄蝶翅背面棕黄绿色,前翅亚顶区有黄色小斑,中带为 1 列黄色斑从前缘开始逐渐变大,雌蝶翅墨绿色,前翅亚顶区具 2 个小白斑,中带为 1 列倾斜排列的白斑,中室内具 3 条短黑线,中室端具 1 个黑线围成的肾形斑,亚外缘具深色阴影带。

苎麻珍蝶

苎麻珍蝶
Acraea issoria (Hübner, 1819)

翅展 50~70 mm,翅形狭长,翅黄色半透明状。飞行缓慢,盛发期数量极多,常见于林区光线好的区域。

黑绢蛱蝶 *Calinaga lhatso* Oberthür, 1893

翅展约 50 mm。头胸连接处具橙毛，翅脉纹黑色，外缘深色，内部具较多浅色斑，后翅臀角偏黄。同地还分布有大卫绢蛱蝶 *C. davidis*，后者翅面色浅，后翅第 4、第 5 脉连接点与中室端脉连接点分离明显。

大斑荫眼蝶 *Neope ramosa* Leech, 1890

翅展约 70 mm。翅背面深褐色，外侧具深色和浅色的斑，腹面具深色和浅色的斑纹、波纹和眼斑。同地还分布有布莱荫眼蝶 *N. bremeri*，后者体色浅，前翅亚外缘的眼斑多具清晰瞳点和黄环。

箭环蝶 *Stichophthalma howqua* Westwood, 1851

翅展 100~110 mm。雄蝶后翅腹面黑色中线距离其外侧的黑色鳞或暗色鳞区较远，雌蝶翅腹面的白色中带明显较宽。常见于竹林中，飞行缓慢但飘忽不定。

黑绢蛱蝶

大斑荫眼蝶

箭环蝶

双翅目 Diptera

大蚊科 Tipulidae

淡斑栉大蚊 *Ctenophora perjocosa* Alexander, 1940

体长 18 mm。体黄色具深色斑，中胸具深色中纵带，中后胸两侧具贯穿的深色纵带 1 对，腹部橙黄色为主具成对黄斑，第 1~3 背板具深褐色中纵斑，第 7~9 节黑色，雄性触角强烈栉状。

淡斑栉大蚊

马氏普大蚊 *Tipula maaiana* Alexander, 1949

体长约 22 mm。体棕黄色，中胸中线具 1 条黑纵纹，体侧具贯穿全体的黑带，足棕黄色，腿节端部深色，前翅亚前缘室外侧 1/3 处具 1 个黑斑，中室外侧具黑斑，翅外缘 R_{3+4} 脉至 A_1 脉外端各具黑点。

沼大蚊科 Limoniidae

锦大蚊 *Hexatoma* sp.

体长约 10 mm。通体黑色，胸部具黑色绒毛，腹部各节基部黑灰色，具光泽，端部具黑色绒毛，翅烟灰色，中部近外端具 1 个白斑。

马氏普大蚊

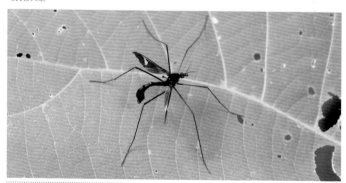

锦大蚊

巨蚊

开室岩蜂虻

蚊科 Culicidae

巨蚊 *Toxorhynchites* sp.

体长约 9 mm。头部下唇须强烈延长上翘，喙粗短，在中部强烈下弯，胸部被绿色鳞片，腹部蓝紫色，腹侧具橘黄色长毛簇，但在亚末端为黑色毛簇。图中个体摄于浙江天目山。

蜂虻科 Bombyliidae

开室岩蜂虻
Anthrax pervius Yang, Yao & Cui, 2012

体长约 14 mm。头黑色，具淡白色粉被，胸腹部黑色，具黑、白双色长毛，腹端部侧面具灰白色鳞，前翅基半部黑色，其余较透明，翅脉 R_4 中部折成直角。

丽蜂虻 *Ligyra* sp.

体长约 12 mm。体黑色，眼后具黄白色粉被，前胸及胸侧具橙黄色长毛，腹宽扁，黑色，第 3 节背面具 1 条白色横带，前翅褐色，具琉璃光泽。图中个体摄于安徽池州。

丽蜂虻

食虫虻科 Asilidae

红毛食虫虻 *Laphria rufa* Röder, 1887

体长约 20 mm。体黑色，头额至颊部、胸后缘披黄色长毛，腹部黑色，被红色长毛，足黑色，前、中足胫节具黄白色长毛，后足胫节具橙红色长毛。

水虻科 Stratiomyidae

奇距水虻 *Allognosta vagans* (Loew, 1873)

体长约 5 mm。体扁，额部宽阔，通体黑色，触角梗节端部和柄节基部黄色至红褐色，足黑褐色，腿节色浅，中足跗节首节和后足 1~3 节黄色，雄性接眼式，雌性复眼分离。

角短角水虻 *Odontomyia angulata* (Panzer, 1798)

体长 8~12 mm。头部黄色，单眼三角区黑色，触角黄色，胸部黑褐色，披金黄色毛，腹部黄绿色，各节背面中央具黑斑，前翅透明，略呈棕色，足棕黄色。图中个体摄于安徽池州，为安徽新纪录。

红毛食虫虻

角短角水虻

奇距水虻

丽瘦腹水虻 *Sargus metallinus* Fabricius, 1805

体长 9~12 mm。头褐色，头后缘具白色直立长毛，胸背具铜绿色光泽，前缘具白毛，足棕黄色。

狡猾指突水虻 *Ptecticus vulpianus* (Enderlein, 1914)

体长 8.5~13.5 mm。头黑色，胸部橙黄色，腹部橙黄色，第 1~4 背板前部具黑色横斑，前翅透明，前、中足棕黄色，后足胫节黑色，跗节白色。

实蝇科 Tephritidae

五楔实蝇 *Sphaeniscus atilius* (Walker, 1849)

体长约 4 mm。体大部灰褐色，额黄褐色，翅黑色，基部白色，后缘具 4 个透明楔形斑，前缘中部具 1 个透明三角形斑。

丽瘦腹水虻

狡猾指突水虻

五楔实蝇

窄带拟突眼实蝇
Pseudopelmatops angustifasciatus Zia & Chen, 1954

体长 12~15 mm。头部两侧强烈凸出成眼柄，复眼生着于其端部，触角芒羽状，体背大部黑色，具光泽，腹侧略呈枣红色，足黑色，腿节端部及胫、跗节棕红色，前翅透明，中部具 1 条曲带，自 CuA$_1$ 室向前缘延伸后伸达翅尖。

窄带拟突眼实蝇

突眼蝇科 Diopsidae

中国曙突眼蝇
Eosiopsis sinensis (Ôuchi, 1942)

体长约 8 mm。体褐色，翅褐色具 3 列透明斑，额半球形突出，无翅上刺。图中个体摄于模式产地浙江天目山，同地还分布有四斑泰突眼蝇 *Teleopsis quadriguttata*，后者具发达的翅上刺。浙江莫干山还记录有东方曙突眼蝇 *E. orientalis*，后者额为双瘤状突出。

中国曙突眼蝇

广口蝇科 Platystomatidae

基带广口蝇
Rivellia basilaris (Wiedemann, 1830)

　　体长约 3.5 mm。体橙黄色，腹末端黑褐色，前翅透明，前缘自 bc 室发出 1 条黑带至 br 室端半部，翅中部具 3 条黑色纵带，最外侧的 1 条自 CuA$_1$ 向前伸至前缘并延伸至翅尖。

光亮肘角广口蝇
Loxoneura perilampoides Walker, 1858

　　体长 7~9 mm。头红色，胸部及腹部黑褐色，腹部带绿金属光泽，胸腹部表面密布粗糙颗粒，前翅透明，前缘黑色，向后发出 2 条黑色横带，雄性基部横带结束于 cup 室端部，雌性则延伸至 cup 室后缘。成虫常见于树木伤口处舐食发酵树汁。

芒蝇科 Ctenostylidae

中华丛芒蝇
Sinolochmostylia sinica Yang, 1995

　　体长约 6 mm。头部球形，无单眼，触角 3 节，藏于触角窝内，雌性触角芒分支状，雄性简单，通体棕黄色，腹部各节端部具褐色横带，前翅极宽大，卵形，大部分褐色，中部和近基部具透明区域。

基带广口蝇

光亮肘角广口蝇

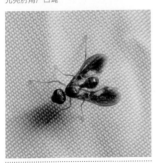
中华丛芒蝇

甲蝇科 Celyphidae

中华狭须甲蝇 *Spaniocelyphus sinensis* Yang & Liu, 1996

体长约 3.5 mm。头部棕红色，额具横脊，胸背及小盾片深褐色，密布蠕纹，足黑色，胫节具黄斑。

食蚜蝇科 Syrphidae

纤细巴蚜蝇 *Baccha maculata* Walker, 1852

体长 8~14 mm。体型狭长，头顶黑色，颜面具黄白色粉被，胸背黑色，具金属光泽，足黄色，后足腿节端部具褐环，腹部黑色，第 3、第 4 背板基部具橘黄色斑。

隐条长角蚜蝇 *Chrysotoxum draco* Shannon, 1926

体长 13~18 mm。头顶黑色，被黄色毛，额橘黄色，颜面黄色，颊橘黄色，胸背褐色，中部具 2 条灰白色纵带，胸侧鲜黄色。腹部黄色，各节中部具黑色横带，前翅透明，前缘略呈棕黄色。

中华狭须甲蝇

纤细巴蚜蝇

隐条长角蚜蝇

库氏拟条胸蚜蝇

库氏拟条胸蚜蝇

Parhelophilus kurentzovi Violovitsh, 1960

体长约 12 mm。体黄色，腹部较深，中胸具 3 条黑色纵带，腹部第 2 背板具"工"字形黑纹，第 3、第 4 节背板近端部具弧形黑带，前、中足黄色，后足腿节粗壮，内侧具黑斑，端部具 1 个黑环，胫节弯曲，具黑斑。

裸芒宽盾蚜蝇

裸芒宽盾蚜蝇

Phytomia errans (Fabricius, 1787)

体长约 14 mm。触角芒光裸，颜面被棕黄色毛，胸褐色，被棕黄色毛，雄性腹部橘黄色，各节端部具褐带，雌性腹部褐带更宽，第 2 节褐带中部向前延伸至该节前缘。足黑色，胫节具白毛带。

红足毛管蚜蝇 *Mallota rubripes* Matsumura, 1916

体长约 16 mm。体黑色，毛被多变，颜面被白毛，中胸前部和小盾片被黄白色毛，腹首节被白毛，有时延伸至第 2、第 3 节，腹末被鲜黄色毛，后足腿节粗壮，胫节宽扁，在基部弯折，跗节灰黄色。

红足毛管蚜蝇

铜鬃胸蚜蝇 *Ferdinandea cuprea* (Scopoli, 1763)

体长 10~13 mm。头顶黑色，颜面棕色，胸背黑色，中部及两侧具灰白色粉被带，小盾片褐色，被黄褐色绒毛，腹部黑绿色，披直立黄色毛，足棕黄色，跗节端部黑色，翅中部具暗色纵斑。

橘腿桐木蚜蝇 *Chalcosyrphus femoratus* (Linnaeus, 1758)

体长 11~15 mm。头顶黑色，颜面两侧具白色粉被，胸背棕色，较光亮，腹部黑色，前、中足棕黄色，后足基部棕黄色，其余部分黑色。

铜鬃胸蚜蝇

橘腿桐木蚜蝇

云南木蚜蝇 *Xylota fo* Hull, 1944

体长约 12 mm。体黑色具蓝紫色金属光泽，额被白粉，足黑色，前、中足胫节及跗节基部 3 节黄色，后足转节被白毛，具长刺凸，腿节具 2 列大刺。

云南木蚜蝇

缟蝇科 Lauxaniidae

双刺同脉缟蝇

Homoneura bispinalis Yang, Hu & Zhu, 2001

体长约 7 mm。通体棕黄色，前翅透明，略呈黄色，于 R_{2+3}、R_{4+5} 与 M_1 端部，R_{4+5} 在径中横脉外侧和中横脉处具 5 个黑斑。

双刺同脉缟蝇

钝隆额缟蝇 *Cestrotus obtusus* Shi, Yang & Gaimari, 2009

体长约 4 mm。体灰色，额具黑斑，颜面具褐纹，前胸具 4 条短黑纹，胸背中部具 1 对黑斑，小盾片之前具 1 个外缘为 "M" 形的黑斑，小盾片延长，基部具 1 对褐斑，前翅烟灰色，具较多黑斑。

寄蝇科 Tachinidae

蚕饰腹寄蝇 *Blepharipa zebina* (Walker,1849)

体长 10~18 mm。头部被金黄色粉被，复眼红色，胸部黑色，覆灰白色粉被，背面具 4 条黑色细纵带，小盾片黑色，覆粉被，腹部两侧及腹面暗黄色，沿背中线及前、后端黑色。寄生为多种鳞翅目幼虫。

钝隆额缟蝇

蚕饰腹寄蝇

宽条螯寄蝇

宽条螯寄蝇
Pentatomophaga latifascia (Villeneuve, 1932)

体长约 7 mm。额黑色,颜具白色粉被,胸背黑色,于盾片沟前及小盾片前各具 1 条金黄色横带,腹部黄色,各节端部具黑带,翅烟灰色,向前缘渐加深。寄生螯类成虫。

圆腹异颜寄蝇
Ectophasia rotundiventris (Loew, 1858)

体长 8.5~11 mm。额黑色,胸背覆棕黄色丝绒质毛被,腹部扁圆,黄色,有时腹背大部棕黑色,或第 4、第 5 背板黑色,其余黄色,翅基部橘黄色,其余烟灰色。寄主为同螯科和螯科种类。

圆腹异颜寄蝇

马格亮寄蝇 *Gymnocheta magna* (Zimin, 1958)

体长 9~12 mm。通体蓝绿色，具金属光泽，头颜面和眼后具白色粉被，翅透明，略呈烟灰色。

蜂寄蝇 *Tachina ursinoidea* (Tothill, 1918)

体长 9~12 mm。通体披棕红色绒毛，侧颜被黄白色毛，翅透明，略呈烟灰色，上、下腋瓣和平衡棒黄色，腹部黑色，覆灰白色粉被，并在第 3~5 腹板形成宽粉带。

马格亮寄蝇

蜂寄蝇

苏门瘦腹寄蝇

Sumpigaster sumatrensis Townsend, 1926

体长约 8 mm。头黑色，颜面被银白色粉，胸背具浅银白色粉被，具数条黑纵带和 1 个中部黑斑，翅和腋瓣淡黄色，足极细长，黑色，腹部细长，黑色，第 3~5 背板基部具银白色粉被。

苏门瘦腹寄蝇

丽蝇科 Calliphoridae

格氏丽蝇 *Calliphora grahami* Aldrich, 1930

有时被归入单独的阿丽蝇属 *Aldrichina*，称作巨尾阿丽蝇。体长 8~11 mm。体灰黑色，颊具粉被，中胸背板黑色，具粉被，中部具 3 条深色纵带，腹部青绿色，具灰白色粉被。雌雄均为离眼式，雄性额窄，触角芒羽状。

格氏丽蝇

蝠蝇科 Streblidae

短跗蝠蝇 *Brachytarsina* sp.

体长约 5 mm。体棕黄色，头小，复眼退化，前翅折叠，收束于体背，平衡棒于体背可见，足发达，腿节、胫节粗大，跗节及爪发达。图中个体摄于浙江天目山的菊头蝠体表。

短跗蝠蝇

膜翅目 Hymenoptera

三节叶蜂科 Argidae

刻颜红胸三节叶蜂 *Arge rejecta* (Kirby, 1882)

体长约 8 mm。体黑色，胸部红色，足黑色，翅黑色带蓝色光泽，触角 3 节，前 2 节短，唇基具明显的中纵脊，后足胫节具端前刺。

刻颜红胸三节叶蜂

黑毛扁胫三节叶蜂

黑毛扁胫三节叶蜂
Athermantus imperialis (Smith, 1860)

体长约 14 mm。体黑色，具金属蓝光泽，体毛黑色，翅包括翅脉黄棕色。同地还分布有黑翅扁胫三节叶蜂 *A. melanoptera* 和淡毛扁胫三节叶蜂 *A. leucopilosus*，后两种翅端 2/5 处浅色，淡毛扁胫三节叶蜂头胸毛白色。

叶蜂科 Tenthredinidae

侧斑槌腹叶蜂 *Tenthredo mortivaga* Marlatt, 1898

　　体长约 13 mm。体黄色，头顶黑色，触角除基节外褐色，中胸背部黑色，腹基部数节背板深色，后缘黄色，后足腿节双色，内侧具黑斑，胫节和跗节红褐色，后足腿节短于胫节。

褐脊大黄叶蜂 *Tenthredo pseudoxanthopleurita* Liu, Li & Wei, 2021

　　体长约 13 mm。体橙黄色，单眼区域较深色，前胸两侧具黑斑，中胸背板具 1 个近方形的黑色环斑，触角和足橙黄色。

侧斑槌腹叶蜂

褐脊大黄叶蜂

脊盾方颜叶蜂

脊盾方颜叶蜂
Pachyprotasis gregalis Malaise, 1945

体长约 9 mm。头黄色，单眼区域黑色，触角黑色，胸部黄黑相间，背面观黄斑呈"Y"形，腹部背板黑色，各节后缘黄色，后足双色，腿节端半部至跗节黑色，后足腿节等长于胫节。

黑鞭华波叶蜂

黑鞭华波叶蜂
Sinopoppia nigroflagella Wei, 1997

体长约 8 mm。体橙红色，复眼和单眼黑色，触角除基节外黑色，翅黑色，足跗节深色，体较宽扁，触角鞭各节长度近似，第 3 节稍长于第 4 节，复眼较小，眼间距远大于眼高。

锤角叶蜂科 Cimbicidae

条斑细锤角叶蜂 *Leptocimbex linealis* Wei & Deng, 1999

体长约 18 mm，雄性稍小。体黄褐色，中胸前盾片和中胸盾片红褐色，其上共具 3 个分离的黑色斑，后足腿节黑色，胫节红褐色，跗节浅色。触角球棒状，腹侧具脊。

条斑细锤角叶蜂

格氏细锤角叶蜂

Leptocimbex grahami Malaise, 1939

体长约 18 mm，雄性稍小。雌性体黄褐色，中胸前盾片和中胸盾片共具 3 个黑色斑，小盾片黄色，腹基部黑色，向后具成对黄斑，黑色部分仅限背板前后缘和中线。雄性第 1 腹背板大部浅黄色。

格氏细锤角叶蜂

冠蜂科 Stephanidae

齿足冠蜂 *Foenatopus* sp.

体长约 14 mm。体黑色，复眼后浅色，前胸长，前部具环纹，后足腿节膨大，腹缘具齿，后足胫节稍长于腿节，前翅翅脉较缺失，翅痣透明。照片记录于南京，为该属在长江三角洲地区的首次记录。

姬蜂科 Ichneumonidae

马尾姬蜂 *Megarhyssa* sp.

体长约 35 mm。体黄褐色具黄斑，中胸具 4 条黄纵带，腹背板较光滑，基部具横皱纹，产卵管极长。本种可能为斑翅马尾姬蜂 *M. praecellens* (Tosquinet, 1889)。

齿足冠蜂

马尾姬蜂

双色深沟姬蜂 *Trogus bicolor* Radoszkowski, 1887

体长约 18 mm。体双色，头胸部红色，腹部黑色，前中足红色，后足黑色，翅褐色。凤蝶蛹中羽化。

黑深沟姬蜂黄脸亚种 *Trogus lapidator romani* Uchida, 1942

体长约 18 mm。体黑色，触角和足黄红色，结构与双色深沟姬蜂相似，但中单眼前具 1 对小突起。凤蝶蛹中羽化。

双色深沟姬蜂

黑深沟姬蜂黄脸亚种

花胫蚜蝇姬蜂 *Diplazon laetatorius* (Fabricius, 1781)

体长 5~7 mm。唇基、复眼内侧、前胸后角、中胸盾片两侧前方、小盾片和后小盾片白色，腹部前半部橙红色，后半部黑色，后足胫节从基部起分为黑、白、黑、红色四段。寄主为多种食蚜蝇。

花胫蚜蝇姬蜂

蚁蜂科 Mutillidae

鳞蚁蜂 *Squamulotilla* sp.

　　雌性体长约9 mm。头和腹部黑色，胸部红色，腹基中域具1个黄毛斑，之后具1条宽的金毛横带，中胸侧板在中足基节上方具1个垂直的刺突为本属特征。

鳞蚁蜂

驼盾蚁蜂 *Trogaspidia* sp.

　　体长约8 mm。头和腹部黑色，胸部红色，腹部第2背板中域具2个黄毛斑，毛斑间距小于直径，腹部第3、第4背板均具黄色毛带。

驼盾蚁蜂

青蜂科 Chrysididae

首青蜂 *Chrysis principalis* Smith, 1874

体长约 14 mm。体具强烈黄绿色至蓝绿色金属光泽，翅基和腹末较偏蓝色，体表密布大刻点。受惊时会蜷曲成球，多见于有独居蜂类生活的木建筑。

土蜂科 Scoliidae

红腹土蜂 *Liacos erythrosoma* (Burmeister, 1854)

体长约 20 mm。体黑色，被黑色长毛，腹部第 3~6 节被细密红褐色长毛，翅黑褐色。

首青蜂

红腹土蜂

骗奥沟蛛蜂

蛛蜂科 Pompilidae

骗奥沟蛛蜂

Auplopus deceptrix (Smith, 1873)

体长约 15 mm。体棕黄色，触角第 8~12 节、副翅基片上条斑、腹部第 1 背板基部及跗节第 5 节黑色。

半沟蛛蜂 *Hemipepsis* sp.

体长约 18 mm。头部被金黄色绒毛，触角自第 6 节被黑色绒毛，胸部及前翅黑紫色，具光泽。

泥蜂科 Sphecidae

沙泥蜂 *Ammophila* sp.

体长约 20 mm。体黑色，腹部第 1 节端部及第 2、第 3 节红色，唇基及中胸侧板具银白色毡毛。

半沟蛛蜂

沙泥蜂

日本蓝泥蜂 *Chalybion japonicum* (Gribodo, 1883)

体长 14~20 mm。体具金属蓝或蓝紫色光泽，被灰白色长毛，翅浅褐色。捕捉蜘蛛作为幼虫食物，同地的驼腹壁泥蜂 *Sceliphron deforme* 亦有此习性。

毛泥蜂 *Sphex* sp.

体长约 25 mm。体黑色，头、胸部密布绒毛，中、后足腿节及胫节暗红色，翅棕黄色透明。本种近似黑毛泥蜂 *S. haemorrhoidalis*，但据文献记载黑毛泥蜂捕猎鳞翅目幼虫。

方头泥蜂科 Crabronidae

刺胸泥蜂 *Oxybelus* sp.

体长约 8 mm。体黑色，前胸背板端缘两侧、中足腿节腹面、胫节、后足胫节基部 2/3 及腹部背板两侧斑黄色，体表密布刻点。

日本蓝泥蜂　　　　　　　　毛泥蜂

刺胸泥蜂

中华捷小唇泥蜂 *Tachytes sinensis* Smith, 1856

体长约 17 mm。体黑色，被浓密的黄褐色柔毛，腹部端部具较宽银色毛带，复眼发达，间距小。

胡蜂科 Vespidae

方蜾蠃 *Eumenes quadratus* Smith, 1852

体长约 16 mm。体黑色，密布刻点，触角窝之间及复眼内侧上缘具长形黄斑，前胸背板后缘具黄斑，腹部第 1、第 2 节端部具黄带。

中华唇蜾蠃 *Eumenes labiatus sinicus* Giordani Soika, 1941

体长约 14 mm。体黑色，触角窝间、复眼后缘、前胸背板前缘、后小盾片中央、中胸侧板上方斑、腹部第 1、第 2 节背板端缘及第 2 背板中部两侧斑黄色。

中华捷小唇泥蜂　　　　　　　　　方蜾蠃

中华唇蜾蠃

印度侧异腹胡蜂 *Parapolybia indica* (Saussure, 1854)

体长约 16 mm。体橘色，具黄色斑纹，触角除端部外黑褐色，腹部第1节柄状，近端部背板隆起。

印度侧异腹胡蜂

日本马蜂

Polistes japonicus Saussure, 1858

体长约 16 mm。体棕黄色至橘色，胸部和腹部具黑色或深棕色斑纹，花纹多变，前体密布刻点。

日本马蜂

朝鲜黄胡蜂 *Vespula koreensis* (Radoszkowski, 1887)

体长约 14 mm。体黑色，触角窝间、复眼凹陷处、唇基、前胸背板内缘宽斑、小盾片基缘、后小盾片沿基缘及腹部背板端缘黄色。

朝鲜黄胡蜂

基胡蜂

基胡蜂
Vespa basalis Smith, 1852

体长 19~27 mm。体密被金黄色长毛，头、前胸、小盾片、后小盾片及足红棕色，腹部黑色。

蚁科 Formicidae

双节行军蚁 *Aenictus* sp.

工蚁体长约 4 mm。体黑褐色，体表光亮，中胸及并胸腹节具细纵刻纹，腹柄结 2 节，刻点弱。本种近似光柄双节行军蚁 *A. laeviceps*，有待研究。

双节行军蚁

拟光腹弓背蚁 *Camponotus pseudoirritans* Wu & Wang, 1989

工蚁体长 7.0~11.4 mm。大型工蚁体红褐色，头颜色深；小型工蚁体颜色浅，头小而长，头部具密集网状细刻点和稀疏的粗凹刻。

双齿多刺蚁 *Polyrhachis dives* Smith, 1857

工蚁体长 6.0~6.9 mm。体黑色，密被灰色柔毛，前胸背板肩角具 1 对尖刺，并胸腹节及腹柄结具 1 对长刺。

拟光腹弓背蚁

双齿多刺蚁

叶形多刺蚁 *Polyrhachis lamellidens* Smith, 1874

工蚁体长 8.0~8.5 mm。头和后腹部黑色，并腹胸和腹柄结黑色，并腹胸长有棱边，前胸背板肩角、中胸背板和并腹及腹柄结具刺。

白足狡臭蚁 *Technomyrmex albipes* (Smith, 1861)

工蚁体长 2.4~3.1 mm。体黑褐色，无光泽，上颚红褐色至黄褐色，跗节颜色浅，白色至黄白色。

叶形多刺蚁

白足狡臭蚁

蜜蜂科 Apidae

三条熊蜂 *Bombus trifasciatus* Smith, 1852

体长约 16 mm。工蜂头、胸背板中域和腹部第 3、第 4 背板被黑色毛，胸部黑毛斑周围被褐色毛，胸侧和腹部第 1、第 2 背板被黄毛，腹部第 5、第 6 背板被锈红色毛。雄蜂与工蜂相似。

三条熊蜂

黄熊蜂 *Bombus flavescens* Smith, 1852

体长约 14 mm。工蜂体被黑色毛，腹部第 5、第 6 背板被锈红色毛，足黄褐色，雄蜂体色变化大，被全黑色毛至全黄色毛。

黄熊蜂

赤足木蜂 *Xylocopa rufipes* Smith, 1852

体长约 20 mm。雌性黑色，体毛黑色，较少，中胸后部至腹基部具灰白色毛，雄性被黄毛，头部复眼内侧具明显黄条。

赤足木蜂

中华木蜂 *Xylocopa sinensis* Smith, 1854

体长约 24 mm。雌性体黑色，胸部被黄毛，与黄胸木蜂相似，但腹部第 1~3 背板仅两侧具黄毛，雄性额具黄斑，体被黄毛。

中华绒木蜂 *Xylocopa chinensis* Friese, 1911

体长约 22 mm。雌性体被黑毛，腹部第 1、第 2 背板被黄毛，雄性毛色稍浅，面部黄色。

中华木蜂　　　　　　　　　　　中华绒木蜂

拟黄芦蜂
Ceratina hieroglyphica Smith, 1854

体长约 9 mm，雄性稍小。体黄黑色相间，与黄芦蜂 *C. flavipes* 相似，但唇基"山"字形黄斑中间一条较长，胸部 4 条黄带明显。

拟黄芦蜂

隧蜂科 Halictidae

蓝彩带蜂
Nomia chalybeata Smith, 1875

体长约 13 mm。体黑色，具较稀疏短毛，胸后部和腹基部具较密黄毛，腹部第 2~4 节端缘具黄绿色或蓝绿色彩带。

蓝彩带蜂

粗切叶蜂

切叶蜂科 Megachilidae

粗切叶蜂

Megachile sculpturalis Smith, 1853

　　雌性体长约 22 mm，雄性稍小。体黑色，胸部被黄毛，腹基部两侧亦具黄毛，腹部第 2、第 3 背板密布粗大的刻点。

达戈切叶蜂

Megachile takaoensis Cockerell, 1911

　　雌性体长约 18 mm，雄性不明。头部被白毛，胸部浅黄色毛较短，胸后部及腹部被橘黄色长毛。

达戈切叶蜂

参考文献 References

[1] 何祝清 . 常见螽斯蟋蟀野外识别手册 [M]. 重庆：重庆大学出版社，2020.

[2] 王瀚强 . 中国蚤蝼分类集要 [M]. 上海：上海科学普及出版社，2020.

[3] 吴超 . 螳螂的自然史 [M]. 福州：海峡书局，2021.

[4] 尹文英，周文豹，石福明 . 天目山动物志（第三卷）[M]. 杭州：浙江大学出版社，2014.

[5] 张雅林 . 天目山动物志（第四卷）[M]. 杭州：浙江大学出版社，2017.

[6] 孙长海 . 天目山动物志（第五卷）[M]. 杭州：浙江大学出版社，2016.

[7] 杨星科 . 天目山动物志（第六卷）[M]. 杭州：浙江大学出版社，2018.

[8] 杨定，吴鸿，张俊华，等 . 天目山动物志（第九卷）[M]. 杭州：浙江大学出版社，2016.

[9] 李后魂，王淑霞，戚慕杰 . 天目山动物志（第十卷）[M]. 杭州：浙江大学出版社，2021.

[10] 何俊华，等 . 浙江蜂类志 [M]. 北京：科学出版社，2004.

[11] 张浩淼 . 中国蜻蜓大图鉴 [M]. 重庆：重庆大学出版社，2019.

好奇心书系

图鉴系列

野外识别手册系列

中国植物园图鉴系列

自然观察手册系列

好奇心单本